ドリル王国へようこそ!!

ドリル王子

JN016965

1 勉強するときは、このドリルをつかっているよ!

2 そっ、それは!

3 しっかり練習できて…

切り取れる!

キリトリ

4 がんばりひょうがついている…

5 そう…それは

ドリルの王様!

ジャ…

…ン!

6 ほかにもこんなものがありますぞ!

うん うん

7

ふろくボード

プリふれ

計算練習ボード

プリンターをつかって
楽しく学べるよ!

ふくとキレイに!

いっしょに
がんばろう!!

※「プリふれ」はブラザー販売株式会社のコンテンツです。

ドリル王子の日常

ドリル王子の雪遊び

1
つもってるー！！

2
雪遊び
しよー！

たたたっ

3
雪だるま
かんせい！

4
おっ、王子ー！
じぃはこごえて
しまいますぞー！

ドリル王子の耳

1
ぼくの頭の上に
2つあるこの耳

2
とてもステキな
形でしょ？

すばらしいですぞ！

3
毎日お手入れも
かかさないよ！

4
たまにちょうちょも
とまるよ！

① 次の計算をしましょう。　　　　　52点(1つ4)

```
①    248        ②    403        ③    406
    +125            +  7            +208
```

```
④    346        ⑤    764        ⑥    207
    +197            + 79            +394
```

```
⑦    615        ⑧    832        ⑨    549
    +285            +516            +873
```

```
⑩    372        ⑪    177        ⑫    906
    +686            +823            + 94
```

```
⑬    998
    +  2
```

⑨、⑪～⑬は
一、十、百の位で
それぞれ
くり上がるよ。

② 次の計算をしましょう。　　　　　　　　　　　　　　40点(1つ4)

① 　　４８３
　　－１５９

② 　　７６１
　　－７１６

③ 　　３４７
　　－１７１

④ 　　４２５
　　－３６３

⑤ 　　５３８
　　－　８５

⑥ 　　６２２
　　－２４５

⑦ 　　３０５
　　－１５８

⑧ 　　７００
　　－２３４

⑨ 　　５００
　　－　６２

⑩ 　　３００
　　－　　７

③ 次の計算をしましょう。　　　　　　　　　　　　　　8点(1つ4)

① 　１３７６
　＋３１６５

② 　７８３４
　－１７２９

🐾　４けたの筆算も、計算のしかたは３けたの筆算と同じようにするよ。
　　くり上がりやくり下がりがあるときは気をつけよう。

2 3年生で習ったこと ②

月　日　　時　分〜　時　分

名前

点

1 次の計算をしましょう。　　　　　　　　　　　　　18点(1つ3)

① 　１３
　×　４

② 　３６
　×　３

③ 　１２３
　×　　３

④ 　３６９
　×　　４

⑤ 　４７６
　×　　９

⑥ 　３０７
　×　　６

2 次の計算をしましょう。　　　　　　　　　　　　　32点(1つ4)

① 　２１
　×２３

② 　１４
　×１３

③ 　４７
　×２４

④ 　３０
　×３２

⑤ 　４２
　×２０

⑥ 　１４６
　×　３７

⑦ 　３００
　×　８４

⑧ 　３０４
　×　４５

3 次の計算をしましょう。 18点(1つ3)

① $6 \div 2$

② $5 \div 5$

③ $28 \div 4$

④ $18 \div 6$

⑤ $36 \div 3$

⑥ $77 \div 7$

4 次の計算をしましょう。あまりも出しましょう。 32点(1つ4)

① $7 \div 2$

② $10 \div 3$

③ $14 \div 4$

④ $35 \div 8$

⑤ $70 \div 9$

⑥ $47 \div 7$

⑦ $36 \div 5$

⑧ $53 \div 6$

あまりは、わる数より小さくなることに気をつけよう。

3 大きな数のかけ算

❶ 425×135 の計算を筆算でします。□にあてはまる数をかきましょう。

6点

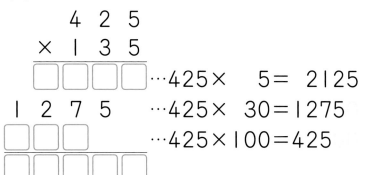

```
      4 2 5
   ×  1 3 5
  □ □ □ □    …425×    5 ＝ 2125
  1 2 7 5    …425×   30 ＝1275
  □ □ □      …425×100 ＝425
□ □ □ □ □
```

2けたの数をかける筆算と同じように考えよう。

❷ 次の計算をしましょう。

35点(1つ7)

①
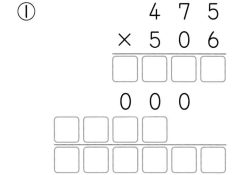
```
      4 7 5
   ×  5 0 6
  □ □ □ □
  0 0 0
□ □ □ □ □
```

真ん中の 000 を省いてもできるよ。

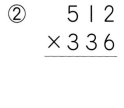

②
```
    5 1 2
 ×  3 3 6
```

③
```
   2 3 2
 × 2 7 8
```

④
```
   4 6 3
 × 2 0 7
```

⑤
```
   4 0 8
 × 7 0 5
```

❸ 3600×480 の計算を筆算でくふうしましょう。　35点（1つ7）

①
```
    3 6 0 0      ←100倍        3 6   ② 　  2 8 0 0
  ×   4 8 0      ← 10倍      ×   4 8        ×   7 2 0
  □ □ □                       2 8 8
  □ □ □                       1 4 4
  □ □ □ □ 0 0 0  ←1000倍      1 7 2 8
```

③
```
    7 3 0 0
  ×   2 7 0
```

④
```
    6 7 0 0
  ×   4 5 0
```

⑤
```
      3 7 0
  × 2 4 0 0
```

❹ 23×46＝1058 を使って、答えを求めましょう。　24点（1つ6）

① 2300×4600

② 23万 ×46

      23
      ↓ 1万倍
23万 ×46＝ □ 万

③ 23万 ×46万

  23　　　　46　　↓1万×1万＝1億
  ↓1万倍　　↓1万倍
23万 ×46万 ＝ □ 億

④ 23億 ×46万

  23　　　　46　　↓1億×1万＝1兆
  ↓1億倍　　↓1万倍
23億 ×46万 ＝ □ 兆

万や億、兆のついた計算は、数字の部分を先に計算し、あとで単位の計算をしよう。

4 答えが何十・何百になる わり算

1 次の計算をします。□にあてはまる数をかきましょう。4点(1つ2)

① 90÷3

90………10 が 9 こ

90÷3…10 が $\left(\boxed{}÷3\right)$ こ

90÷3＝ $\boxed{}$

② 180÷6

180………10 が 18 こ

180÷6…10 が $\left(18÷\boxed{}\right)$ こ

180÷6＝ $\boxed{}$

2 次の計算をしましょう。 45点(1つ3)

① 30÷3　　② 40÷4　　③ 50÷5

④ 20÷2　　⑤ 90÷9　　⑥ 70÷7

⑦ 60÷3　　⑧ 60÷2　　⑨ 80÷4

⑩ 120÷4　　⑪ 150÷3　　⑫ 210÷7

⑬ 200÷5　　⑭ 400÷8　　⑮ 300÷6

❸ 次の計算をします。□にあてはまる数をかきましょう。

① 800÷4

800 ……… 100 が 8 こ

800÷4 … 100 が（□÷4）こ

800÷4＝□

② 3500÷5

3500 ……… 100 が 35 こ

3500÷5 … 100が（35÷5）こ

3500÷5＝□

❹ 次の計算をしましょう。

① 700÷7

② 600÷3

③ 600÷2

④ 800÷8

⑤ 800÷2

⑥ 500÷5

⑦ 400÷2

⑧ 300÷3

⑨ 2500÷5

⑩ 1200÷6

⑪ 2400÷3

⑫ 3500÷7

⑬ 1000÷2

⑭ 4000÷5

⑮ 2000÷4

🐱 答えが何十、何百になるわり算では、10や100が何こあるか考えよう。

月　日　　時　分～　時　分

名前

点

1 81÷3の計算を筆算でします。□にあてはまる数をかきましょう。

2点

$$3\overline{)81} \quad \Rightarrow \quad 3\overline{)81} \atop 6 \atop \square \quad \Rightarrow \quad 3\overline{)81} \atop 6 \atop 2\square \quad \Rightarrow \quad 3\overline{)81} \atop 6 \atop 21 \atop 21 \atop 0$$

8÷3で
2がたつ

3×2＝6
8－6＝2をかく

一の位の
1をおろす

21÷3を計算する

2 次の計算をしましょう。

48点（1つ4）

① $3\overline{)75}$　② $2\overline{)38}$　③ $3\overline{)48}$　④ $7\overline{)91}$

⑤ $4\overline{)64}$　⑥ $5\overline{)70}$　⑦ $2\overline{)54}$　⑧ $6\overline{)72}$

⑨ $5\overline{)85}$　⑩ $8\overline{)96}$　⑪ $4\overline{)52}$　⑫ $6\overline{)90}$

❸ 72÷5 の計算を筆算でします。□にあてはまる数をかきましょう。

2点

$$5\overline{)72}^{\;1} \Rightarrow 5\overline{)72}^{\;1}\;\;\frac{5}{\square} \Rightarrow 5\overline{)72}^{\;1}\;\;\frac{5}{2\square} \Rightarrow 5\overline{)72}^{\;1\square}\;\;\frac{5}{22}\;\frac{20}{\square}\leftarrow あまり$$

7÷5で　　　　　5×1＝5　　　　一の位の　　　　22÷5で
1がたつ　　　　7－5＝2をかく　　2をおろす　　　4がたち
　　　　　　　　　　　　　　　　　　　　　　　　5×4＝20
　　　　　　　　　　　　　　　　　　　　　　　　22－20＝2
　　　　　　　　　　　　　　　　　　　　　　　　あまり

❹ 次の計算をしましょう。

48点(1つ4)

① $2\overline{)35}$　　② $3\overline{)41}$　　③ $5\overline{)98}$　　④ $2\overline{)97}$

⑤ $5\overline{)79}$　　⑥ $4\overline{)50}$　　⑦ $6\overline{)99}$　　⑧ $7\overline{)85}$

⑨ $8\overline{)97}$　　⑩ $4\overline{)94}$　　⑪ $7\overline{)80}$　　⑫ $8\overline{)93}$

（2けた）÷（1けた）の筆算では、十の位、一の位の順にわっていこう。
一の位をわって、数が残ったら、あまりになるんだよ。

月　日　　時　分〜　時　分

名前

点

❶ 72÷5 のわり算を筆算でしてから、答えのたしかめをします。

☐にあてはまる数やことばをかきましょう。　　　　8点

```
      1 4
  5) 7 2
      5
      2 2
      2 0
        2
```

答えのたしかめ

⇒ ☐ × 14 ＋ 2 ＝ 72

わる数　　　商　　☐　　わられる数

❷ 次の計算をして、答えのたしかめもしましょう。　　32点(1つ8)

①
```
  5) 9 2
```

②
```
  3) 8 0
```

答えのたしかめ

(　　　　　　　)　(　　　　　　　)

③
```
  2) 7 3
```

④
```
  7) 9 6
```

答えのたしかめ

(　　　　　　　)　(　　　　　　　)

❸ 43÷4 の計算を筆算でします。□にあてはまる数をかきましょう。

6点

$$4\overline{)43}^{\;1} \quad \Rightarrow \quad 4\overline{)43}^{\;1} \atop 4\downarrow \atop \Box \quad \Rightarrow \quad 4\overline{)43}^{\;1\Box} \atop 4 \atop 30 \atop \Box \;\leftarrow あまり$$

商の一の位（くらい）に
０をかくことを
わすれないよう
にしよう。

4÷4で
１がたつ

4×1＝4
4−4＝0は
かかないで
一の位の3を
おろす

3÷4で0がたち
4×0＝0
3−0＝3
あまり

❹ 次の計算をしましょう。

54点(1つ6)

①　$3\overline{)92}$

②　$2\overline{)68}$

③　$4\overline{)84}$

④　$5\overline{)57}$

⑤　$3\overline{)39}$

⑥　$9\overline{)90}$

⑦　$2\overline{)81}$

⑧　$7\overline{)75}$

⑨　$3\overline{)60}$

（2けた）÷（1けた）の筆算で、一の位に商がたたないときは、商の
一の位に０をかくよ。

7 （3けた）÷（1けた）の筆算①

1 732÷4 の計算を筆算でします。□にあてはまる数をかきましょう。

10点

$$
\begin{array}{r}
1 \\
4\,\overline{)732} \\
4
\end{array}
\Rightarrow
\begin{array}{r}
1 \\
4\,\overline{)732} \\
4\downarrow \\
\hline
\square\,3
\end{array}
\Rightarrow
\begin{array}{r}
1\square \\
4\,\overline{)732} \\
4 \\
\hline
33 \\
32\downarrow \\
\hline
\square\,2
\end{array}
\Rightarrow
\begin{array}{r}
18\square \\
4\,\overline{)732} \\
4 \\
\hline
33 \\
32 \\
\hline
12 \\
12 \\
\hline
\square
\end{array}
$$

百の位は商に1
がたち、4×1＝4

7－4＝3
十の位には、3が
そのままおりる

十の位は商に8
がたち、4×8＝32
33－32＝1、一の位は
2がそのままおりる

2 次の計算をしましょう。

30点(1つ6)

①　5)725

②　3)654

③　3)312

④　3)715

⑤　6)807

$$
\begin{array}{r}
10 \\
3\,\overline{)312} \\
3\downarrow\downarrow \\
\hline
12
\end{array}
$$
商に0をたててから、
3×0＝0はかかずに
次の位の2をおろして
計算するよ。

3 次の計算をしましょう。

① 5)620

② 7)863

③ 4)952

④ 3)437

⑤ 4)853

⑥ 2)621

⑦ 4)923

⑧ 3)753

⑨ 5)640

⑩ 9)995

⑪ 3)761

⑫ 4)417

（3けた）÷（1けた）の筆算では、百の位、十の位、一の位の順にわっていこう。

月　日　　時　分〜　時　分

名前

点

1 351÷6の計算を筆算でします。□にあてはまる数をかきましょう。

10点

$$6) \overline{351} \Rightarrow 6) \overline{351} \atop 30 \Rightarrow 6) \overline{351} \atop 30$$

5
6)351
　30
　　□1

5□
6)351
　30
　　51
　　48
　　　□

0
6)351　はじめの0は
　　　　かかないよ。

3÷6は0がたつが、　　　35÷6として　　　51÷6として
はじめの0はかかないで　商に5がたつ　　　計算する
次の位に進む

2 次の計算をしましょう。

30点（1つ5）

① 5)485　　　② 8)632　　　③ 3)279

④ 6)382　　　⑤ 9)348　　　⑥ 4)327

3 次の計算をしましょう。

① $4 \overline{) 256}$

② $6 \overline{) 514}$

③ $5 \overline{) 324}$

④ $8 \overline{) 300}$

⑤ $7 \overline{) 345}$

⑥ $4 \overline{) 364}$

⑦ $5 \overline{) 453}$

⑧ $8 \overline{) 736}$

⑨ $8 \overline{) 705}$

⑩ $3 \overline{) 178}$

⑪ $9 \overline{) 764}$

⑫ $6 \overline{) 457}$

わられる数が3けたになっても、計算のしかたは2けたのときと同じだよ。

月　日　　時　分〜　時　分

名前

点

❶ 36÷2 の計算を暗算でします。□にあてはまる数をかきましょう。　　　　　12点

・36÷2 の暗算では 36 を 2 でわりやすい大小の数に分けます。

$$36 \begin{cases} 20 \Rightarrow 20 \div 2 = \boxed{} \\ \boxed{} \Rightarrow \boxed{} \div 2 = 8 \end{cases} \Bigg\} \quad \boxed{} + 8 = \boxed{}$$

❷ 次の計算を、暗算でしましょう。　　　　　39点(1つ3)

① 72÷6 = ($\boxed{60}$÷6) + ($\boxed{12}$÷6)

　　　= $\boxed{}$ + $\boxed{}$ = $\boxed{}$

② 39÷3　　③ 66÷2　　④ 48÷4

⑤ 38÷2　　⑥ 56÷4　　⑦ 75÷5

⑧ 64÷4　　⑨ 81÷3　　⑩ 91÷7

⑪ 70÷2　　⑫ 80÷5　　⑬ 90÷6

❸ 360÷2 の計算を暗算でします。□にあてはまる数をかきましょう。

・360÷2 の暗算を**❶**の 36÷2 とくらべると、360＝36×10 で、わられる数が □ 倍になっています。

$$360÷2=\left(\boxed{36}÷2\right)×10$$

$$=\boxed{18}×10=\boxed{}$$

❹ 次の計算を、暗算でしましょう。

① 720÷6＝(72÷6)×10

$$=\boxed{}×10=\boxed{}$$

② 280÷2　　③ 690÷3　　④ 840÷4

⑤ 420÷3　　⑥ 320÷2　　⑦ 650÷5

⑧ 760÷2　　⑨ 520÷4　　⑩ 780÷6

⑪ 980÷7　　⑫ 600÷4　　⑬ 900÷5

わられる数を、大きなかたまりと小さなかたまりに分けて、暗算しよう。

月　日　　時　分〜　時　分

名前

点

1 計算の順じょを考えて計算します。□にあてはまる数をかきましょう。

12点(1つ4)

① 18÷2×5

18÷2=□

□×5=□

ふつう左から順に計算する

② 18÷(2×3)

2×3=□

18÷□=□

( )があるときは、
( )の中をさきに計算する

③ 18+2×3

2×3=□

18+□=□

+、− と、×、÷ とでは、
×、÷ をさきに計算する

2 次の計算をしましょう。

36点(1つ4)

① 16÷2×4　　② 72÷6÷3　　③ 20−4÷2

④ 16÷(2×4)　⑤ 72÷(6÷3)　⑥ (20−4)÷2

⑦ 6×7−8÷2　⑧ 6×(18−8)÷2　⑨ (6×7−8)÷2

3 次の計算をしましょう。

12点(1つ3)

① 643−(127+385)　　② 987−(463+274)

③ 53+68−(24+31)　　④ (100−36)+(54−29)

4 次の計算をしましょう。 20点(1つ4)

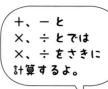

①　$9 + 25 \times 4$

②　$45 + 15 \div 3$

③　$70 - 42 \div 7$

④　$30 + 20 \div 4 - 18$

⑤　$41 - 5 \times 12 \div 6$

5 次の計算をしましょう。 20点(1つ4)

①　$51 + (23 - 14) \times 3$

②　$(32 + 16) \div 6 - 3$

③　$(340 - 180) - 42 \times 3$

④　$(45 + 36) \div (27 - 18) \times 12$

⑤　$35 - (83 - 65) \div (36 \div 4)$

いろいろな計算がまじっている式では、①（　）の中の計算　②×、÷の計算　③＋、－の順に計算するんだよ。

① 次の計算をしましょう。　　　12点(1つ4)

①　　234
　　×526

②　　741
　　×372

③　　425
　　×506

② 35×26＝910 を使って、答えを求めましょう。　　8点(1つ2)

①　3500×2600

②　35万×26

③　35万×26万

④　35億×26万

③ 次の計算をしましょう。　　6点(1つ2)

①　630÷7

②　900÷3

③　4500÷5

④ 次の計算をしましょう。　　18点(1つ3)

①　3)78

②　7)98

③　4)79

④　2)45

⑤　6)63

⑥　7)70

5 次の計算をしましょう。 18点(1つ3)

① $3\overline{)721}$

② $7\overline{)861}$

③ $5\overline{)537}$

④ $4\overline{)242}$

⑤ $6\overline{)354}$

⑥ $8\overline{)732}$

6 次の計算を、暗算でしましょう。 6点(1つ2)

① $70 \div 5$　　② $64 \div 4$　　③ $84 \div 7$

7 次の計算をしましょう。 32点(1つ4)

① $38 \div 2 \times 3$　　　　　② $84 \div 4 \div 3$

③ $32 \div (4 \times 2)$　　　　④ $(32 \div 4) \times 2$

⑤ $15 + 3 \times 21 - 12$　　⑥ $(56 - 34) \times 4 - 24$

⑦ $46 - (84 - 24) \div 3$　　⑧ $75 - (65 - 32) \div (24 \div 8)$

12 小数のたし算 ①

1 次の計算をしましょう。　　　　　　　　　52点(1つ4)

①
```
  2.35
+ 3.46
─────
  5.81
```

②
```
  6.15
+ 4.23
```

> 2.35＋3.46 の筆算
> ⑦ 小数点の位置をそろえてかく
> ```
>   2.35
> + 3.46
> ─────
>   5.81
> ```
> ⑦ 整数と同じようにたし算をする
> ⑦ 答えの小数点を上にそろえてかく

③
```
  8.45
+ 4.56
```

④
```
  7.56
+ 6.35
```

⑤
```
  3.78
+ 8.47
```

⑥
```
  3.25
+ 2.62
```

⑦
```
  9.34
+ 0.78
```

⑧
```
  9.26
+ 4.69
```

⑨
```
  5.16
+ 0.97
```

⑩
```
  5.32
+ 4.85
```

⑪
```
  7.93
+ 4.3
```

⑫
```
  8.37
+ 2.43
─────
 10.80
```

⑬
```
  4.65
+ 0.85
```

> ```
>   8.37
> + 2.43
> ─────
>  10.80
> ```
> ←最後の0は消す

❷ 次の計算を、筆算でしましょう。　　　　　　　48点(1つ3)

① 6.92＋9.45　　② 7.83＋7.68　　③ 6.05＋0.97

④ 3.78＋7.35　　⑤ 3.79＋3.41　　⑥ 8.73＋3.77

⑦ 5.24＋9.32　　⑧ 4.06＋4.24　　⑨ 5.72＋0.48

⑩ 8.23＋6.22　　⑪ 4.85＋3.52　　⑫ 2.96＋9.54

⑬ 7.01＋0.29　　⑭ 3.25＋5.84　　⑮ 5.06＋3.75

⑯ 3.97＋4.53

小数のたし算の筆算は、小数点の位置（いち）をそろえて計算しよう。

❶ 次の計算をしましょう。　　　　　　　　　　　20点(1つ2)

①
```
    6
+ 4.3 1
```

②
```
 3.5 4
+7
```

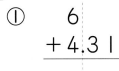

6や7の整数は
6.00、7.00 と考えて
計算するよ。

③
```
    5
+ 4.3 7
```

④
```
    3
+ 2.3 5
```

⑤
```
 3.7 6
+2
```

⑥
```
 8.3 4
+2
```

⑦
```
  1 2
+   3.3 6
```

⑧
```
   2 3
+   8.2 5
```

⑨
```
 7.3 4
+1 8
```

⑩
```
  5.4 7
+3 5
```

❷ 次の計算を、筆算でしましょう。　　　　　　30点(1つ5)

① 8＋2.34

② 7＋0.45

③ 18＋2.47

④ 3.78＋6

⑤ 2.84＋8

⑥ 6.34＋24

25

❸ 次の計算をしましょう。　　　　　　　　　　　　20点(1つ2)

① 　 2.37
　 ＋3.63
　 　6.00

② 　 2.52
　 ＋1.48

2.37
＋3.63
6.00 　答えが整数になる
　ときは、小数点以下^か
　の0は消します。

③ 　 6.25
　 ＋7.75

④ 　 5.31
　 ＋0.69

⑤ 　 7.46
　 ＋2.54

⑥ 　 8.18
　 ＋3.82

⑦ 　 3.74
　 ＋4.26

⑧ 　 4.43
　 ＋2.57

⑨ 　 5.65
　 ＋4.35

⑩ 　 9.39
　 ＋0.61

❹ 次の計算を、筆算でしましょう。　　　　　　　30点(1つ5)

① 7.34＋2.66　　② 6.47＋0.53　　③ 4.91＋3.09

④ 8.72＋1.28　　⑤ 9.13＋0.87　　⑥ 8.05＋9.95

整数＋小数も、小数点の位置^ちをそろえて計算しよう。

14 小数のひき算 ①

1 次の計算をしましょう。　　　　　　　　52点(1つ4)

①
```
  7.23
- 5.12
------
  2.11
```

②
```
  8.54
- 1.36
```

7.23－5.12 の筆算
```
      ⑦小数点の位置をそろえてかく
  7.23  ⑦整数と同じようにひき算を
- 5.12    する
------
  2.11  ⑦答えの小数点を上にそろえて
        かく
```

③
```
  9.26
- 5.49
```

④
```
  5.06
- 2.97
```

⑤
```
  4.32
- 0.85
```

⑥
```
  6.25
- 4.73
```

⑦
```
  7.93
- 4.37
```

⑧
```
  4.72
- 2.14
```

⑨
```
  5.34
- 3.92
```

⑩
```
  2.03
- 0.24
```

⑪
```
  6.04
- 4.02
```

⑫
```
  8.45
- 2.35
------
  6.10
```

⑬
```
  9.23
- 5.73
```

```
  8.45
- 2.35
------
  6.10  ←最後の0は消す
```

2 次の計算を、筆算でしましょう。

① 6.36－4.57　　② 4.83－2.12　　③ 8.09－5.35

④ 7.43－4.15　　⑤ 9.37－7.67　　⑥ 5.21－3.43

⑦ 3.43－0.95　　⑧ 6.13－2.86　　⑨ 3.14－2.05

⑩ 4.02－2.38　　⑪ 8.12－5.62　　⑫ 8.34－3.31

⑬ 6.85－0.98　　⑭ 6.72－1.54　　⑮ 5.03－3.09

⑯ 7.24－3.58

小数のひき算の筆算は、小数点の位置をそろえて計算しよう。

1 次の計算をしましょう。　　　　　　　　　　32点(1つ4)

① 　4.54
　−3.73
　　0.81

② 　7.36
　−6.45

4.54−3.73のように
答えの整数部分が
0になるときは、0を
かいて、0.81とするよ。

③ 　8.43
　−7.64

④ 　5.45
　−4.63

⑤ 　6.74
　−5.81

⑥ 　3.27
　−2.85

⑦ 　2.12
　−1.72
　　0.40

⑧ 　9.38
　−8.78

2 次の計算を、筆算でしましょう。　　　　　　24点(1つ4)

① 5.37−4.56　　② 2.32−1.89　　③ 8.63−7.84

④ 3.14−2.16　　⑤ 7.95−6.98　　⑥ 6.35　5.65

❸ 次の計算をしましょう。 20点(1つ4)

① $\begin{array}{r} 2.63 \\ -0.30 \\ \hline 2.33 \end{array}$

② $\begin{array}{r} 4.52 \\ -0.5 \\ \hline \end{array}$

$\begin{array}{r} 2.63 \\ -0.30 \\ \hline 2.33 \end{array}$ 2.63−0.3のように ひく数のけた数が少ない 計算は、0.30のように 考えるよ。

③ $\begin{array}{r} 7.36 \\ -0.7 \\ \hline \end{array}$

④ $\begin{array}{r} 7.91 \\ -4.3 \\ \hline \end{array}$

⑤ $\begin{array}{r} 8.35 \\ -1.4 \\ \hline \end{array}$

❹ 次の計算を、筆算でしましょう。 12点(1つ4)

① $4.95-0.8$

② $6.74-0.7$

③ $9.75-2.9$

❺ 次の計算をしましょう。 12点(1つ4)

① $\begin{array}{r} 7.00 \\ -2.76 \\ \hline 4.24 \end{array}$

② $\begin{array}{r} 9 \\ -4.35 \\ \hline \end{array}$

③ $\begin{array}{r} 4 \\ -3.23 \\ \hline \end{array}$

$\begin{array}{r} 7.00 \\ -2.76 \\ \hline 4.24 \end{array}$ 7−2.76のような 整数−小数の計算は、 7を7.00と考えるよ。

👑 整数−小数も、小数点の位置をそろえて計算しよう。

16 何十でわるわり算

月　日　時　分〜　時　分
名前
点

① 次の計算をします。□にあてはまる数をかきましょう。　　10点

$60 \div 20$

60 …… 10 が □ こ

20 …… 10 が □ こ

$60 \div 20 \Rightarrow 6 \div$ □

$60 \div 20 =$ □

10をもとにして
考えると、
10のまとまり6こを
2こずつ分けると
いうことだね。

② 次の計算をしましょう。　　12点(1つ3)

① $60 \div 30$　　　② $80 \div 40$

③ $40 \div 20$　　　④ $90 \div 30$

③ 次の計算をしましょう。　　18点(1つ3)

① $70 \div 20$　　$\boxed{70 \div 20} \Rightarrow \boxed{7 \div 2}$

$\Downarrow$

$\boxed{3 \text{あまり}\ } \Leftarrow \boxed{3 \text{あまり} 1}$ ←あまりの1は
10が1こということ

↑　　10倍

② $80 \div 30$　　③ $90 \div 20$　　④ $50 \div 20$

⑤ $60 \div 40$　　⑥ $70 \div 30$

あまりを10倍することに
気をつけよう。

4 次の計算をしましょう。   28点(1つ4)

① 140÷20

140÷20の答えは、14÷2の計算で求められるよ。

② 240÷60　③ 720÷90　④ 100÷50

⑤ 630÷70　⑥ 810÷90　⑦ 400÷80

5 次の計算をしましょう。   32点(1つ4)

① 200÷30

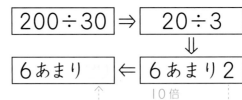

$200÷30 ⇒ 20÷3$

⇓

$6あまり　⇐ 6あまり2$

10倍

② 760÷80　③ 430÷50　④ 220÷30

⑤ 400÷60　⑥ 800÷90　⑦ 390÷40

⑧ 650÷70

何百何十÷何十も、あまりを10倍することに気をつけよう。

何十でわるわり算で、あまりが出るときは、あまりも何十になるよ。

17 商が1けたになる わり算の筆算①

月　日　　時　分〜　時　分

名前

点

❶ 63÷21 の計算を筆算でします。□にあてはまる数をかきましょう。

8点

$$21\overline{)63} \Rightarrow 21\overline{)63}^{\square} \Rightarrow 21\overline{)6\ 3}^{\ \ 3}_{\square\square} \Rightarrow 21\overline{)6\ 3}^{\ \ 3}_{\substack{6\ 3 \\ \square}}$$

6÷2で
3を一の位に
たてる

たてる → 21に3を
かけて、
63

かける → 63を
ひいて
0

ひく

❷ 次の計算をしましょう。

36点(1つ4)

① $12\overline{)48}$　　② $22\overline{)88}$　　③ $23\overline{)69}$

④ $24\overline{)72}$　　⑤ $35\overline{)70}$　　⑥ $11\overline{)46}^{\square}_{\substack{44 \\ \square}}$ ←あまり

⑦ $31\overline{)65}$　　⑧ $32\overline{)80}$　　⑨ $43\overline{)87}$

❸ $175 \div 35$ の計算を筆算でします。□にあてはまる数をかきましょう。

$$35 \overline{)175} \Rightarrow 35 \overline{)175}^{\square} \Rightarrow 35 \overline{)1\ 7\ 5}^{\quad\ 5} \Rightarrow 35 \overline{)1\ 7\ 5}^{\quad\ 5}$$

$$\square\ \square\ \square \qquad\qquad \begin{array}{r} 1\ 7\ 5 \\ \hline \square \end{array}$$

17÷3で 5を一の位に たてる	35に5を かけて 175	175を ひいて 0

たてる → かける → ひく

❹ 次の計算をしましょう。

48点(1つ4)

① $31 \overline{)217}$　　② $46 \overline{)230}$　　③ $65 \overline{)325}$

④ $58 \overline{)348}$　　⑤ $54 \overline{)432}$　　⑥ $36 \overline{)144}$

⑦ $21 \overline{)127}^{\quad\ 6}$　　⑧ $42 \overline{)169}$　　⑨ $51 \overline{)410}$
$\quad\quad\ \ \begin{array}{r} 126 \\ \hline 1 \end{array}$

⑩ $72 \overline{)366}$　　⑪ $63 \overline{)528}$　　⑫ $55 \overline{)120}$

商が1けたになるわり算は、(たてる)→(かける)→(ひく)の順に計算すればできるんだよ。

月 日 　時 分〜 時 分

名前

点

❶ 228÷38 の計算を筆算でします。□にあてはまる数をかきましょう。

8点

$$38\overline{\smash{)}228} \quad \Rightarrow \quad 38\overline{\smash{)}228}$$

$$\begin{array}{r} 7 \\ 38\overline{\smash{)}228} \\ 266 \end{array}$$

商が大きすぎる

商が7と見当をつける

$$\begin{array}{r} \square \\ 38\overline{\smash{)}228} \\ 228 \\ \hline 0 \end{array}$$

見当をつけた商が大きすぎたときは、1小さい商をたてて計算してみよう。

❷ 414÷46 の計算を筆算でします。□にあてはまる数をかきましょう。

8点

$$46\overline{\smash{)}414} \quad \Rightarrow \quad 46\overline{\smash{)}414}$$

$$\begin{array}{r} \square \\ 46\overline{\smash{)}414} \\ 414 \\ \hline 0 \end{array}$$

41÷4で10がたつ

46)414で、商は十の位にはたたない

わられる数がわる数の10倍より小さいときは、9をたてればいいね。

❸ 次の計算をしましょう。

24点(1つ4)

① $14\overline{\smash{)}42}$

② $18\overline{\smash{)}90}$

③ $36\overline{\smash{)}252}$

④ $28\overline{\smash{)}168}$

⑤ $48\overline{\smash{)}432}$

⑥ $25\overline{\smash{)}200}$

④ 次の計算をしましょう。

① $11\overline{)55}$

② $24\overline{)96}$

③ $39\overline{)80}$

④ $17\overline{)85}$

⑤ $16\overline{)67}$

⑥ $32\overline{)160}$

⑦ $59\overline{)178}$

⑧ $57\overline{)519}$

⑨ $46\overline{)322}$

⑩ $26\overline{)114}$

⑪ $68\overline{)540}$

⑫ $34\overline{)306}$

⑬ $25\overline{)214}$

⑭ $47\overline{)363}$

⑮ $29\overline{)202}$

見当をつけた商が大きすぎたときは、商を1ずつ小さく、小さすぎたときは、商を1ずつ大きくしてみよう。

19 商が2けたになる わり算の筆算 ①

❶ 644÷28 の計算を筆算でします。□にあてはまる数をかきましょう。

8点

```
    □                2                  2□
28)644    ⇒    28)644    ⇒    28)644
   56              56                 56
   □              8□                  84
                                      84
                                       0
```

64÷28で、2をたてて　　　　　4をおろして84　　　　　84÷28で、3をたてて
28に2をかけて56　　　　　　　　　　　　　　　　　　　計算する
64から56をひいて8

(たてる)→(かける)→(ひく) ⇒ (おろす) ⇒ (たてる)→(かける)→(ひく)

❷ 次の計算をしましょう。

42点(1つ7)

① 　　　　　　　② 　　　　　　　③
36)432 　　　　24)504 　　　　25)575

④ 　　　　　　　⑤ 　　　　　　　⑥
37)888 　　　　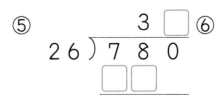 　　　　19)950

❸ 899÷28 の計算を筆算でします。□にあてはまる数をかきましょう。

8点

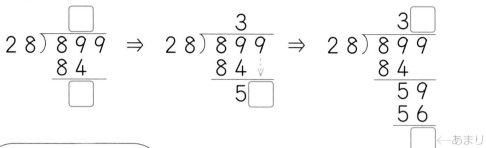

（たてる）→（かける）→（ひく）→（おろす）をくり返せばいいんだね。

❹ 次の計算をしましょう。

21点(1つ7)

① 34) 954 ② 53) 860 ③ 13) 531

❺ □にあてはまる数をかきましょう。

21点(1つ7)

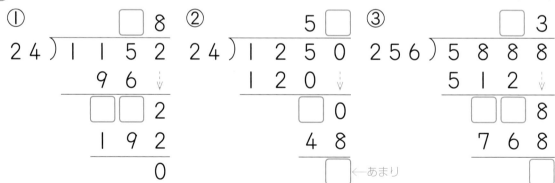

商は百の位にたたない　　　　　　　　　　　　　　商は百の位にたたない

👑 （3けた）÷（2けた）の筆算で、わられる数の上から2けたの数が、わる数より大きいときは、商は2けたになるよ。

1 次の計算をしましょう。　　　　　　　　　　　　　　30点(1つ5)

① $35\overline{)420}$　　② $67\overline{)938}$　　③ $13\overline{)962}$

④ $29\overline{)986}$　　⑤ $54\overline{)918}$　　⑥ $17\overline{)510}$

2 次の計算をしましょう。　　　　　　　　　　　　　　15点(1つ5)

① $33\overline{)740}$　　② $25\overline{)962}$　　③ $13\overline{)582}$

3 次の計算をしましょう。

① $13 \overline{)1274}$ ② $36 \overline{)3060}$ ③ $27 \overline{)1566}$

④ $28 \overline{)1580}$ ⑤ $43 \overline{)2672}$ ⑥ $54 \overline{)2274}$

⑦ $136 \overline{)4760}$ ⑧ $242 \overline{)6412}$ ⑨ $432 \overline{)7776}$

⑩ $252 \overline{)8079}$ ⑪ $324 \overline{)7131}$

商の見当をつけたほうが楽に計算できるよ。

21 商が3けたになる わり算の筆算

月　日　　時　分〜　時　分

名前

点

❶ 9036÷36 を筆算で計算します。□にあてはまる数をかきましょう。

4点

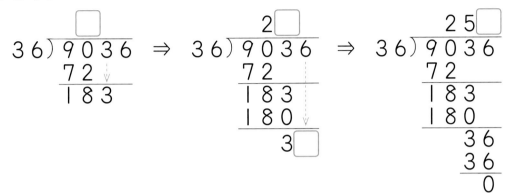

90÷36で、2をたてて
36に2をかけて72
90から72をひいて18
3をおろして183

183÷36で、5をたてて
36に5をかけて180
183から180をひいて3
6をおろして36

36÷36で、1がたつ

❷ 次の計算をしましょう。

30点(1つ5)

① 28)3472　　② 32)8672　　③ 53)6572

④ 34)5814　　⑤ 25)6025　　⑥ 47)7696

3 次の計算をわり算のせいしつを使って計算します。□にあてはまる数をかきましょう。

10点(1つ5)

① 8000 ÷ 250

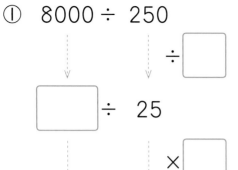

$$÷ \boxed{}$$

$$\boxed{} ÷ 25$$

$$× \boxed{}$$

$$3200 ÷ \boxed{} = \boxed{}$$

② 9000 ÷ 750

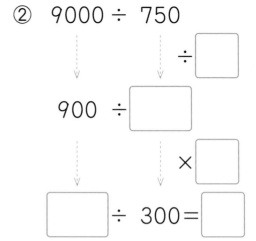

$$÷ \boxed{}$$

$$900 ÷ \boxed{}$$

$$× \boxed{}$$

$$\boxed{} ÷ 300 = \boxed{}$$

4 次の計算をわり算のせいしつを使って計算しましょう。 30点(1つ5)

① 900÷150   ② 2400÷800   ③ 3600÷400

④ 6400÷80   ⑤ 8500÷250   ⑥ 180000÷7500

5 18万÷3万をわり算のせいしつを使って計算します。□にあてはまる数をかきましょう。

2点

18万÷3万

$$÷1万$$

$$\boxed{} ÷ 3 = \boxed{}$$

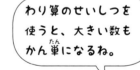

わり算のせいしつを使うと、大きい数もかん単になるね。

6 次の計算をわり算のせいしつを使って計算しましょう。 24点(1つ4)

① 50万÷2万   ② 270万÷30万   ③ 1500万÷300万

④ 6600万÷600万   ⑤ 1200億÷300億   ⑥ 2800億÷70億

👑 わり算では、わられる数とわる数に同じ数をかけても、同じ数でわっても商は同じになるよ。

22 まとめのテスト

1 次の計算をしましょう。　　　　　　　　　　　　　12点(1つ4)

① 　6.6 5
　　+3.2 4

② 　4.8 7
　　+0.4 6

③ 　2.4 5
　　+5.2 5

2 次の計算を、筆算でしましょう。　　　　　　　　　12点(1つ4)

① 9.36+2.51　　② 8.54+2.46　　③ 6+4.19

3 次の計算をしましょう。　　　　　　　　　　　　　12点(1つ4)

① 　7.5 4
　　-2.2 6

② 　5.9 7
　　-4.6 7

③ 　6.8 3
　　-5.9 4

4 次の計算を、筆算でしましょう。　　　　　　　　　12点(1つ4)

① 2.96-0.3　　② 8.43-2.4　　③ 6-3.52

5 次の計算をしましょう。　　　　　　　　　　　　　6点(1つ2)

① 90÷40　　② 630÷90　　③ 200÷60

6 次の計算をしましょう。 36点(1つ3)

① 21)84

② 56)472

③ 28)252

④ 39)321

⑤ 75)975

⑥ 16)320

⑦ 68)1428

⑧ 43)2021

⑨ 74)1935

⑩ 36)9144

⑪ 52)6936

⑫ 32)7079

7 次の計算をわり算のせいしつを使って計算しましょう。 10点(1つ2)

① 7200÷600　② 6000÷250　③ 36000÷900

④ 28万÷7万　⑤ 4900億÷700億

23 小数×整数

① 0.2×3 の計算をします。□にあてはまる数をかきましょう。7点

0.2 を □ 倍して 2×3 の計算をすると、6 になります。

その 6 を □ でわると、答えが求められます。

だから、0.2×3＝ □ です。

小数×整数の計算は、
整数×整数の計算の
しかたをもとにすると
いいね。

② 0.6×5 の計算をします。□にあてはまる数をかきましょう。7点

0.6 を □ 倍して 6×5 の計算をすると、30 になります。

その 30 を □ でわると、答えが求められます。

だから、0.6×5＝ □ です。

③ 次の計算をしましょう。　　　　　　　　　　36点(1つ3)

①　0.3×3　　　②　0.4×2　　　③　0.1×6

④　0.5×3　　　⑤　0.6×2　　　⑥　0.9×4

⑦　0.8×6　　　⑧　0.4×5　　　⑨　0.7×2

⑩　0.5×2　　　⑪　0.9×7　　　⑫　0.6×7

④ 0.04×2 の計算をします。□にあてはまる数をかきましょう。

7点

0.04 を ⬚ 倍して 4×2 の計算をすると、8 になります。

その 8 を ⬚ でわると、答えが求められます。

だから、0.04×2＝ ⬚ です。

⑤ 0.05×3 の計算をします。□にあてはまる数をかきましょう。

7点

0.05 を ⬚ 倍して 5×3 の計算をすると、15 になります。

その 15 を ⬚ でわると、答えが求められます。

だから、0.05×3＝ ⬚ です。

⑥ 次の計算をしましょう。

36点(1つ3)

① 0.03×3　　② 0.01×8　　③ 0.06×2

④ 0.02×5　　⑤ 0.07×6　　⑥ 0.04×4

⑦ 0.05×6　　⑧ 0.08×4　　⑨ 0.03×7

⑩ 0.06×8　　⑪ 0.04×9　　⑫ 0.09×10

（小数）×（整数）の計算は、10 倍や 100 倍して求めた積を、10 や 100 でわると答えになるよ。

24 小数のかけ算の筆算 ①

1 3.6×4 の計算を筆算でします。□にあてはまる数をかきましょう。

2点

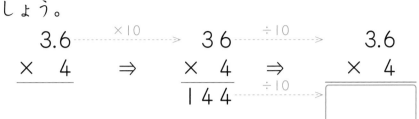

```
     3.6   ×10    36    ÷10      3.6
   ×   4   ⇒   ×   4   ⇒     ×   4
                  144   ÷10
```

積の小数点に気をつけよう。

2 次の計算をしましょう。

36点(1つ3)

```
①    1.5        ②    1.8        ③    3.4
   ×   5           ×   4           ×   3
```

```
④    2.5        ⑤    4.6        ⑥    5.3
   ×   4           ×   2           ×   3
   10.0 <- 0は消す
```

```
⑦    6.7        ⑧    2.8        ⑨    6.2
   ×   3           ×   7           ×   5
```

```
⑩   18.2        ⑪   10.7        ⑫   11.5
   ×    3           ×    9           ×    8
```

❸ 0.43×6 の計算を筆算でします。□ にあてはまる数をかきましょう。

2点

$$
\begin{array}{r}
0.4\,3 \\
\times \quad 6 \\
\hline
\end{array}
\quad \xrightarrow{\times 100} \quad
\begin{array}{r}
4\,3 \\
\times \quad 6 \\
\hline
2\,5\,8
\end{array}
\quad \xrightarrow{\div 100}
\begin{array}{r}
0.4\,3 \\
\times \quad 6 \\
\hline
\end{array}
$$

（258 → ÷100 → □）

❹ 次の計算を、筆算でしましょう。

60点(1つ4)

① 0.26×4　　② 0.73×5　　③ 0.84×6

④ 1.24×6　　⑤ 3.14×6　　⑥ 2.15×3

⑦ 3.14×5　　⑧ 2.38×4　　⑨ 5.34×3

⑩ 6.13×3　　⑪ 7.53×5　　⑫ 5.19×7

⑬ 8.45×2　　⑭ 9.32×3　　⑮ 7.49×5

整数と同じように計算して、積の小数点に気をつけよう。

25 小数のかけ算の筆算 ②

❶ 2.1×32 の計算を筆算でします。□にあてはまる数をかきましょう。

2点

$$
\begin{array}{r}
2.1 \\
\times\ 3\ 2 \\
\end{array}
\xrightarrow{\times 10}
\begin{array}{r}
2\ 1 \\
\times\ 3\ 2 \\
\hline
4\ 2 \\
6\ 3 \\
\hline
6\ 7\ 2 \\
\end{array}
\xrightarrow{\div 10}
\begin{array}{r}
2.1 \\
\times\ 3\ 2 \\
\hline
4\ 2 \\
6\ 3 \\
\end{array}
$$

672 $\xrightarrow{\div 10}$ □

❷ 次の計算をしましょう。

60点(1つ5)

①
$$
\begin{array}{r}
1.6 \\
\times\ 4\ 1 \\
\end{array}
$$

②
$$
\begin{array}{r}
2.7 \\
\times\ 3\ 4 \\
\end{array}
$$

③
$$
\begin{array}{r}
2.9 \\
\times\ 6\ 3 \\
\end{array}
$$

④
$$
\begin{array}{r}
4.6 \\
\times\ 4\ 2 \\
\end{array}
$$

⑤
$$
\begin{array}{r}
3.5 \\
\times\ 5\ 4 \\
\hline
1\ 4\ 0 \\
1\ 7\ 5 \\
\hline
\end{array}
$$
□□□.0 ← 0は消す

⑥
$$
\begin{array}{r}
6.8 \\
\times\ 2\ 5 \\
\end{array}
$$

⑦
$$
\begin{array}{r}
3.7 \\
\times\ 3\ 0 \\
\end{array}
$$

⑧
$$
\begin{array}{r}
2.8 \\
\times\ 4\ 5 \\
\end{array}
$$

⑨
$$
\begin{array}{r}
8.2 \\
\times\ 5\ 0 \\
\end{array}
$$

⑩
$$
\begin{array}{r}
3.6 \\
\times\ 2\ 5 \\
\end{array}
$$

⑪
$$
\begin{array}{r}
8.4 \\
\times\ 1\ 5 \\
\end{array}
$$

⑫
$$
\begin{array}{r}
9.2 \\
\times\ 3\ 5 \\
\end{array}
$$

❸ 0.47×56 の計算を筆算でします。☐にあてはまる数をかきましょう。

2点

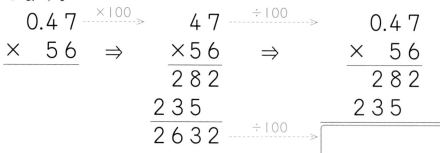

❹ 次の計算をしましょう。

36点(1つ4)

① 0.83
  × 46

② 2.73
  × 35

③ 1.45
  × 48

④ 0.56
  × 70

⑤ 0.78
  × 60

⑥ 3.75
  × 25

⑦ 6.44
  × 45

⑧ 7.32
  × 32

⑨ 2.85
  × 80

小数に2けたの数をかけるときも、かける数が1けたのときと同じように考えよう。

26 小数のかけ算の筆算 ③

| 月 | 日 | 時 | 分～ | 時 | 分 |

名前

点

1 次の計算をしましょう。　　　　　　　　　　　　24点(1つ2)

①　　1.4
　　×　6

②　　2.8
　　×　4

③　　2.5
　　×　6

④　　3.2
　　×　7

⑤　　4.6
　　×　8

⑥　　2.5
　　×　8

⑦　　6.3
　　×　4

⑧　　7.7
　　×　5

⑨　　7.8
　　×　7

⑩　　14.3
　　×　　3

⑪　　28.9
　　×　　3

⑫　　16.6
　　×　　5

2 次の計算をしましょう。　　　　　　　　　　　　18点(1つ3)

①　　0.34
　　×　　7

②　　0.65
　　×　　8

③　　0.72
　　×　　7

④　　4.35
　　×　　6

⑤　　7.36
　　×　　8

⑥　　8.32
　　×　　6

3 次の計算をしましょう。 40点(1つ5)

① 　 2.7
　 ×４２

② 　 9.2
　 ×５２

③ 　 7.4
　 ×２６

④ 　 6.7
　 ×３２

⑤ 　 4.5
　 ×２４

⑥ 　 8.6
　 ×２５

⑦ 　 5.7
　 ×５０

⑧ 　 5.8
　 ×３５

4 次の計算をしましょう。 18点(1つ3)

① 　 0.37
　 ×　７２

② 　 0.87
　 ×　２５

③ 　 4.35
　 ×　３８

④ 　 8.24
　 ×　６５

⑤ 　 8.32
　 ×　７５

⑥ 　 0.65
　 ×　８０

積の小数点の位置に気をつけよう。

月 日　時 分〜 時 分

名前

点

❶ 0.9÷3 を計算します。▢にあてはまる数をかきましょう。8点

0.9 を ▢ 倍して 9÷3 の計算をすると、3 になります。

その 3 を ▢ でわると、答えが_{もと}求められます。

だから、0.9÷3＝ ▢ です。

小数のわり算も
整数のわり算をもとに
計算できるね。

❷ 4.5÷5 を計算します。▢にあてはまる数をかきましょう。8点

4.5 を ▢ 倍して 45÷5 の計算をすると、9 になります。

その 9 を ▢ でわると、答えが求められます。

だから、4.5÷5＝ ▢ です。

❸ 次の計算をしましょう。　　　　　　　　　　36点(1つ3)

①　0.6÷2　　　　②　0.4÷4　　　　③　0.8÷2

④　1.2÷3　　　　⑤　2.5÷5　　　　⑥　3.2÷8

⑦　2.8÷7　　　　⑧　3.6÷4　　　　⑨　2.7÷3

⑩　6.4÷8　　　　⑪　5.4÷9　　　　⑫　4.2÷6

4 3÷6 を計算します。□にあてはまる数をかきましょう。　8点

3を □ 倍して 30÷6 の計算をすると、5になります。

その5を □ でわると、答えが求められます。

だから、3÷6= □ です。

5 0.18÷3 を計算します。□にあてはまる数をかきましょう。8点

0.18を □ 倍して 18÷3 の計算をすると、6になります。

その6を □ でわると、答えが求められます。

だから、0.18÷3= □ です。

6 0.4÷5 を計算します。□にあてはまる数をかきましょう。8点

0.4を □ 倍して 40÷5 の計算をすると、8になります。

その8を □ でわると、答えが求められます。

だから、0.4÷5= □ です。

7 次の計算をしましょう。　　　　　　　　　　24点(1つ2)

①　2÷5　　　　　②　3÷5　　　　　③　4÷8

④　0.15÷3　　　⑤　0.36÷4　　　⑥　0.42÷7

⑦　0.64÷8　　　⑧　0.56÷8　　　⑨　0.81÷9

⑩　0.3÷6　　　　⑪　0.2÷5　　　　⑫　0.4÷10

小数÷整数の計算は、10 倍して 10 でわったり、100 倍して 100 でわったりして考えよう。

月　日　　時　分〜　時　分
名前
点

❶ 5.6÷4 の計算を筆算でします。□にあてはまる数をかきましょう。

5点

$$4\overline{)5.6} \Rightarrow 4\overline{)5.6}^{\,1} \Rightarrow 4\overline{)5.6}^{\,1.} \Rightarrow 4\overline{)5.6}^{\,1.\square}$$

わられる数の
小数点にそろえて、
商の小数点をうちます。

❷ 次の計算をしましょう。

45点（1つ5）

① $2\overline{)8.4}$　　② $4\overline{)9.6}$　　③ $5\overline{)7.5}$

④ $6\overline{)6.6}$　　⑤ $7\overline{)9.1}$　　⑥ $3\overline{)9.9}$

⑦ $2\overline{)3.4}$　　⑧ $8\overline{)9.6}$　　⑨ $6\overline{)7.8}$

3 60.8÷8 の計算を筆算でします。□にあてはまる数をかきましょう。

$$
\begin{array}{r} 7 \\ 8\overline{)6\ 0.8} \end{array}
\Rightarrow
\begin{array}{r} 7 \\ 8\overline{)6\ 0.8} \\ 5\ 6 \\ \hline \boxed{} \end{array}
\Rightarrow
\begin{array}{r} 7. \\ 8\overline{)6\ 0.8} \\ 5\ 6 \\ \hline 4\ 8 \end{array}
\Rightarrow
\begin{array}{r} 7.\boxed{} \\ 8\overline{)6\ 0.8} \\ 5\ 6 \\ \hline 4\ 8 \\ 4\ 8 \\ \hline 0 \end{array}
$$

整数と同じように計算します。

4 次の計算をしましょう。

45点(1つ5)

① $4\overline{)3\ 6.4}$　　　② $3\overline{)2\ 4.9}$　　　③ $2\overline{)1\ 7.8}$

④ $5\overline{)3\ 7.5}$　　　⑤ $8\overline{)2\ 7.2}$　　　⑥ $6\overline{)5\ 5.2}$

⑦ $9\overline{)6\ 5.7}$　　　⑧ $6\overline{)7\ 5.6}$　　　⑨ $4\overline{)8\ 2.8}$

整数と同じように計算しよう。商の小数点は、わられる数の小数点にそろえてうつよ。

名前

月　日　　時　分〜　時　分

点

❶ 3.18÷6 の計算を筆算でします。□にあてはまる数をかきましょう。

5点

```
  0.              0.□             0.5□
6)3.18    ⇒   6)3.18    ⇒    6)3.18
                 30              30
                 18              18
                                 180
                                 180
                                   0
```

一の位に商がたたないときは、0.とかくよ。

❷ 次の計算をしましょう。

45点(1つ5)

①
```
2)1.28
```

②
```
3)2.82
```

③
```
6)5.64
```

④
```
7)3.71
```

⑤
```
8)6.72
```

⑥
```
9)8.46
```

⑦
```
5)0.85
```

⑧
```
4)0.92
```

⑨
```
3)0.84
```

❸ 0.259÷7 の計算を筆算でします。□にあてはまる数をかきましょう。

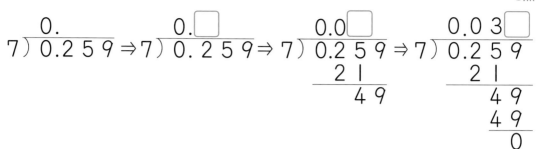

❹ 次の計算をしましょう。

45点(1つ5)

① 2)0.188

② 3)0.291

③ 4)0.344

④ 5)0.285

⑤ 7)0.511

⑥ 6)0.276

⑦ 8)0.576

⑧ 9)0.387

⑨ 8)0.408

商がたたないときは、その位に0をかいて筆算していこう。

30 小数のわり算の筆算 ③

月　日　　時　分〜　時　分

名前

点

❶ 80.6÷31 の計算を筆算でします。□にあてはまる数をかきましょう。

5点

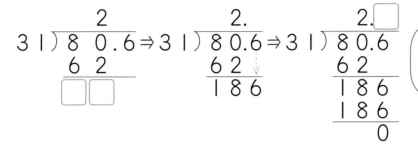

```
      2                2.               2.□
 31)8 0.6  ⇒  31)8 0.6  ⇒  31)8 0.6
   6 2                6 2               6 2
   □□                1 8 6             1 8 6
                                        1 8 6
                                            0
```

わる数が2けたになっても、わる数が1けたのときと同じだね。

❷ 次の計算をしましょう。

45点(1つ5)

①
```
23)6 2.1
```

②
```
35)9 4.5
```

③
```
13)7 5.4
```

④
```
53)9 0.1
```

⑤
```
82)9 8.4
```

⑥
```
        0.7
 64)4 4.8
    4 4 8
        0
```

⑦
```
72)1 4.4
```

⑧
```
47)2 8.2
```

⑨
```
92)3 6.8
```

59

❸ 1.75÷25 の計算を筆算でします。□にあてはまる数をかきましょう。

5点

$$
\begin{array}{r} 0. \\ 25{\overline{\smash{\big)}\,1.75}} \end{array}
\Rightarrow
\begin{array}{r} 0.\boxed{} \\ 25{\overline{\smash{\big)}\,1.75}} \end{array}
\Rightarrow
\begin{array}{r} 0.0\boxed{} \\ 25{\overline{\smash{\big)}\,1.75}} \\ \underline{1\,7\,5} \\ 0 \end{array}
$$

> 商がたたない位に0をかいて筆算していこう。

❹ 次の計算をしましょう。

30点(1つ5)

① $35{\overline{\smash{\big)}\,1.75}}$

② $24{\overline{\smash{\big)}\,1.44}}$

③ $43{\overline{\smash{\big)}\,3.44}}$

④ $56{\overline{\smash{\big)}\,3.36}}$

⑤ $76{\overline{\smash{\big)}\,5.32}}$

⑥ $17{\overline{\smash{\big)}\,1.53}}$

❺ 次の計算をしましょう。

15点(1つ3)

① $27{\overline{\smash{\big)}\,70.2}}$

② $38{\overline{\smash{\big)}\,53.2}}$

③ $12{\overline{\smash{\big)}\,8.4}}$

④ $14{\overline{\smash{\big)}\,0.42}}$

⑤ $43{\overline{\smash{\big)}\,2.58}}$

👑 小数を2けたの数でわるときも、わる数が1けたのときと同じように考えよう。

31 わり進む筆算 ①

❶ 16.5÷6 の計算を、わり切れるまで筆算でします。□にあては
まる数をかきましょう。

5点

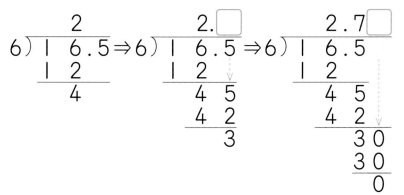

16.5 を 16.50 と
考えよう。

❷ 次の計算を、わり切れるまでしましょう。

36点(1つ6)

① 5)6.2

② 6)19.5

③ 8)32.4

④ 25)36

⑤ 8)21.2

⑥ 12)34.2

3 7.4÷8 の計算を、わり切れるまで筆算でします。□にあてはまる数をかきましょう。

5点

```
    0.              0.□             0.9□            0.92□
  8)7.4    ⇒    8)7.4    ⇒    8)7.4    ⇒    8)7.4
               7 2             7 2             7 2
                2 0             2 0             2 0
                                1 6             1 6
                                  4 0             4 0
                                                  4 0
                                                    0
```

4 次の計算を、わり切れるまでしましょう。

54点(1つ6)

①
```
 4)8.7
```

②
```
25)34.8
```

③
```
16)32.4
```

④
```
36)63.9
```

⑤
```
44)93.5
```

⑥
```
72)73.8
```

⑦
```
56)46.2
```

⑧
```
24)10.2
```

⑨
```
8)5
```

わり進めていくとき、たとえば、16.5 を 16.50 としてわり進めていこう。

月　日　　時　分〜　時　分

名前

点

❶　13÷3の計算をして、商を四捨五入で⑦と④のようながい数で表します。□にあてはまる数をかきましょう。
10点(1つ2)

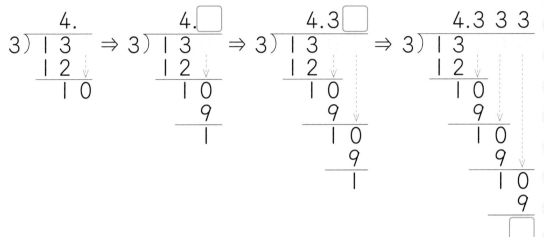

⑦　$\frac{1}{100}$ の位までのがい数

4.333　⇒　□

$\frac{1}{1000}$ の位の数を四捨五入するよ。

④　上から2けたのがい数

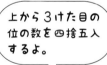

4.33　⇒　□

上から3けた目の位の数を四捨五入するよ。

❷　次の計算をして、商を四捨五入で $\frac{1}{10}$ の位までのがい数で表しましょう。
21点(1つ7)

①　22÷9　　　②　13÷7　　　③　16.5÷13

(　　　)　　(　　　)　　(　　　)

3 次の計算をして、商を四捨五入で上から１けたのがい数で表しましょう。

21点(1つ7)

① 19÷27　　②　31÷33　　③　153÷57

$$27)\overline{19}$$
0.70
189
10

0.70 ⇒ (0.7)
上から１けた

（　　）　　（　　）

4 次の計算をして、商を四捨五入で $\frac{1}{100}$ の位までのがい数で表しましょう。

24点(1つ8)

① 17÷35　　②　29÷45　　③　177÷46

（　　）　　（　　）　　（　　）

5 次の計算をして、商を四捨五入で上から２けたのがい数で表しましょう。

24点(1つ8)

① 149÷45　　②　251÷13　　③　453÷86

（　　）　　（　　）　　（　　）

商をがい数で表すときは、求める１つ下の位の数を四捨五入しよう。
$\frac{1}{100}$ の位のときは $\frac{1}{1000}$ の位、上から２けたのときは３けた目の数字に着目しよう。

33 まとめのテスト

1 次の計算をしましょう。　　　　　　　　　　　　　6点(1つ2)

① 0.7×6　　　② 0.09×8　　　③ 0.08×5

2 次の計算をしましょう。　　　　　　　　　　　　36点(1つ3)

① 　7.6　　　② 　12.6　　　③ 　8.32
　×　　3　　　　×　　5　　　　×　　3

④ 　5.4　　　⑤ 　3.9　　　⑥ 　4.5
　×23　　　　×53　　　　×34

⑦ 　0.46　　　⑧ 　0.34　　　⑨ 　3.43
　×　32　　　　×　50　　　　×　24

⑩ 　1.93　　　⑪ 　2.63　　　⑫ 　3.92
　×　54　　　　×　70　　　　×　25

3 次の計算をしましょう。 20点(1つ4)

① $4.9 \div 7$　　② $3.6 \div 9$　　③ $4 \div 5$

④ $0.35 \div 5$　　⑤ $0.8 \div 10$

4 次の計算をしましょう。 20点(1つ4)

①

$$7 \overline{)8.4}$$

②

$$3 \overline{)22.8}$$

③

$$6 \overline{)1.44}$$

④

$$43 \overline{)90.3}$$

⑤

$$28 \overline{)2.52}$$

5 次の計算をして、商を四捨五入で $\frac{1}{100}$ の位までのがい数で表しましょう。 18点(1つ6)

① $13 \div 34$　　② $37 \div 49$　　③ $863 \div 95$

(　　　　)　　(　　　　)　　(　　　　)

❶ $\dfrac{5}{7} + \dfrac{3}{7}$ の計算をします。□にあてはまる数をかきましょう。　7点

$\dfrac{5}{7}$ は、$\dfrac{1}{7}$ の □ に分、$\dfrac{3}{7}$ は、$\dfrac{1}{7}$ の □ に分

あわせて、$\dfrac{1}{7}$ の（□ + □）に分で $\dfrac{\square}{7}$ です。

$\dfrac{5}{7} + \dfrac{3}{7} = \dfrac{\square}{7}$　答えの $\dfrac{8}{7}$ は、$1\dfrac{\square}{7}$ と帯分数（たいぶんすう）で表してもよいです。

❷ 次の計算をしましょう。　30点（1つ2）

① $\dfrac{2}{3} + \dfrac{2}{3}$　　② $\dfrac{1}{2} + \dfrac{3}{2}$　　③ $\dfrac{3}{4} + \dfrac{5}{4}$

④ $\dfrac{7}{5} + \dfrac{2}{5}$　　⑤ $\dfrac{5}{4} + \dfrac{7}{4}$　　⑥ $\dfrac{1}{6} + \dfrac{7}{6}$

⑦ $\dfrac{14}{6} + \dfrac{4}{6}$　　⑧ $\dfrac{2}{7} + \dfrac{9}{7}$　　⑨ $\dfrac{8}{7} + \dfrac{6}{7}$

⑩ $\dfrac{5}{8} + \dfrac{4}{8}$　　⑪ $\dfrac{3}{8} + \dfrac{14}{8}$　　⑫ $\dfrac{4}{9} + \dfrac{15}{9}$

⑬ $\dfrac{13}{6} + \dfrac{3}{6}$　　⑭ $\dfrac{15}{8} + \dfrac{10}{8}$　　⑮ $\dfrac{8}{9} + \dfrac{10}{9}$

3 次の計算をしましょう。

① $\dfrac{4}{5} + \dfrac{3}{5}$

② $\dfrac{5}{2} + \dfrac{3}{2}$

③ $\dfrac{3}{5} + \dfrac{14}{5}$

④ $\dfrac{13}{8} + \dfrac{3}{8}$

⑤ $\dfrac{12}{7} + \dfrac{9}{7}$

⑥ $\dfrac{13}{6} + \dfrac{7}{6}$

⑦ $\dfrac{13}{9} + \dfrac{12}{9}$

⑧ $\dfrac{12}{9} + \dfrac{7}{9}$

⑨ $\dfrac{5}{3} + \dfrac{2}{3}$

⑩ $\dfrac{7}{3} + \dfrac{8}{3}$

⑪ $\dfrac{1}{4} + \dfrac{15}{4}$

⑫ $\dfrac{15}{8} + \dfrac{2}{8}$

⑬ $\dfrac{3}{9} + \dfrac{11}{9}$

⑭ $\dfrac{18}{5} + \dfrac{2}{5}$

⑮ $\dfrac{22}{7} + \dfrac{5}{7}$

⑯ $\dfrac{8}{11} + \dfrac{10}{11}$

⑰ $\dfrac{6}{4} + \dfrac{5}{4}$

⑱ $\dfrac{8}{9} + \dfrac{3}{9}$

⑲ $\dfrac{17}{10} + \dfrac{3}{10}$

⑳ $\dfrac{5}{21} + \dfrac{26}{21}$

㉑ $\dfrac{32}{31} + \dfrac{8}{31}$

分母が同じ分数のたし算は、分母はそのままにして、分子だけを
たすんだよ。

35　分数のたし算 ②

❶ 次の計算をしましょう。

40点（1つ2）

① $\dfrac{1}{3} + \dfrac{5}{3}$

② $\dfrac{7}{2} + \dfrac{1}{2}$

③ $\dfrac{7}{4} + \dfrac{3}{4}$

④ $\dfrac{34}{5} + \dfrac{7}{5}$

⑤ $\dfrac{25}{4} + \dfrac{1}{4}$

⑥ $\dfrac{21}{6} + \dfrac{19}{6}$

⑦ $\dfrac{31}{7} + \dfrac{6}{7}$

⑧ $\dfrac{15}{8} + \dfrac{25}{8}$

⑨ $\dfrac{2}{5} + \dfrac{4}{5}$

⑩ $\dfrac{11}{6} + \dfrac{15}{6}$

⑪ $\dfrac{9}{4} + \dfrac{1}{4}$

⑫ $\dfrac{17}{9} + \dfrac{1}{9}$

⑬ $\dfrac{15}{6} + \dfrac{7}{6}$

⑭ $\dfrac{18}{8} + \dfrac{10}{8}$

⑮ $\dfrac{7}{32} + \dfrac{26}{32}$

⑯ $\dfrac{9}{7} + \dfrac{12}{7}$

⑰ $\dfrac{13}{11} + \dfrac{20}{11}$

⑱ $\dfrac{5}{12} + \dfrac{9}{12}$

⑲ $\dfrac{5}{10} + \dfrac{21}{10}$

⑳ $\dfrac{8}{21} + \dfrac{34}{21}$

① $\dfrac{7}{5} + \dfrac{13}{5}$　　② $\dfrac{3}{8} + \dfrac{23}{8}$　　③ $\dfrac{41}{6} + \dfrac{1}{6}$

④ $\dfrac{38}{7} + \dfrac{3}{7}$　　⑤ $\dfrac{17}{9} + \dfrac{27}{9}$　　⑥ $\dfrac{5}{4} + \dfrac{5}{4}$

⑦ $\dfrac{5}{7} + \dfrac{16}{7}$　　⑧ $\dfrac{21}{8} + \dfrac{21}{8}$　　⑨ $\dfrac{7}{5} + \dfrac{8}{5}$

⑩ $\dfrac{7}{13} + \dfrac{8}{13}$　　⑪ $\dfrac{7}{14} + \dfrac{21}{14}$　　⑫ $\dfrac{3}{4} + \dfrac{2}{4}$

⑬ $\dfrac{9}{10} + \dfrac{4}{10}$　　⑭ $\dfrac{3}{2} + \dfrac{5}{2}$　　⑮ $\dfrac{3}{5} + \dfrac{3}{5}$

⑯ $\dfrac{10}{3} + \dfrac{5}{3}$　　⑰ $\dfrac{4}{20} + \dfrac{19}{20}$　　⑱ $\dfrac{24}{25} + \dfrac{26}{25}$

⑲ $\dfrac{14}{6} + \dfrac{34}{6}$　　⑳ $\dfrac{34}{50} + \dfrac{45}{50}$

分母が同じ分数のたし算では、分母の数はたさないように気をつけよう。

36　分数のひき算 ①

❶ $\dfrac{8}{7} - \dfrac{4}{7}$ の計算をします。□にあてはまる数をかきましょう。　7点

$\dfrac{8}{7}$ は、$\dfrac{1}{7}$ の□に分、$\dfrac{4}{7}$ は、$\dfrac{1}{7}$ の□に分

$\dfrac{8}{7} - \dfrac{4}{7}$ は、$\dfrac{1}{7}$ の(□−□)に分で $\dfrac{□}{7}$ です。

$\dfrac{8}{7} - \dfrac{4}{7} = \dfrac{□}{7}$

❷ 次の計算をしましょう。　30点(1つ2)

① $\dfrac{5}{4} - \dfrac{2}{4}$

② $\dfrac{3}{2} - \dfrac{1}{2}$

③ $\dfrac{5}{3} - \dfrac{4}{3}$

④ $\dfrac{6}{5} - \dfrac{2}{5}$

⑤ $\dfrac{6}{4} - \dfrac{5}{4}$

⑥ $\dfrac{7}{6} - \dfrac{1}{6}$

⑦ $\dfrac{15}{6} - \dfrac{4}{6}$

⑧ $\dfrac{9}{7} - \dfrac{3}{7}$

⑨ $\dfrac{8}{7} - \dfrac{6}{7}$

⑩ $\dfrac{9}{8} - \dfrac{4}{8}$

⑪ $\dfrac{15}{7} - \dfrac{3}{7}$

⑫ $\dfrac{15}{9} - \dfrac{8}{9}$

⑬ $\dfrac{17}{9} - \dfrac{8}{9}$

⑭ $\dfrac{15}{8} - \dfrac{10}{8}$

⑮ $\dfrac{11}{9} - \dfrac{7}{9}$

3 次の計算をしましょう。

① $\dfrac{5}{2} - \dfrac{3}{2}$

② $\dfrac{8}{5} - \dfrac{4}{5}$

③ $\dfrac{13}{5} - \dfrac{7}{5}$

④ $\dfrac{14}{8} - \dfrac{3}{8}$

⑤ $\dfrac{15}{7} - \dfrac{9}{7}$

⑥ $\dfrac{14}{6} - \dfrac{5}{6}$

⑦ $\dfrac{15}{9} - \dfrac{2}{9}$

⑧ $\dfrac{9}{2} - \dfrac{7}{2}$

⑨ $\dfrac{5}{3} - \dfrac{1}{3}$

⑩ $\dfrac{9}{4} - \dfrac{5}{4}$

⑪ $\dfrac{9}{4} - \dfrac{2}{4}$

⑫ $\dfrac{10}{9} - \dfrac{5}{9}$

⑬ $\dfrac{13}{2} - \dfrac{5}{2}$

⑭ $\dfrac{19}{8} - \dfrac{7}{8}$

⑮ $\dfrac{15}{7} - \dfrac{8}{7}$

⑯ $\dfrac{25}{11} - \dfrac{12}{11}$

⑰ $\dfrac{20}{15} - \dfrac{7}{15}$

⑱ $\dfrac{45}{31} - \dfrac{38}{31}$

⑲ $\dfrac{25}{21} - \dfrac{7}{21}$

⑳ $\dfrac{13}{4} - \dfrac{6}{4}$

㉑ $\dfrac{15}{9} - \dfrac{7}{9}$

分母が同じ分数のひき算は、分母はそのままにして、分子だけをひけばいいんだよ。

1 次の計算をしましょう。 40点（1つ2）

① $\dfrac{5}{3} - \dfrac{1}{3}$

② $\dfrac{7}{2} - \dfrac{3}{2}$

③ $\dfrac{7}{4} - \dfrac{3}{4}$

④ $\dfrac{34}{5} - \dfrac{7}{5}$

⑤ $\dfrac{23}{4} - \dfrac{1}{4}$

⑥ $\dfrac{21}{6} - \dfrac{19}{6}$

⑦ $\dfrac{16}{7} - \dfrac{9}{7}$

⑧ $\dfrac{21}{8} - \dfrac{15}{8}$

⑨ $\dfrac{9}{5} - \dfrac{3}{5}$

⑩ $\dfrac{11}{6} - \dfrac{8}{6}$

⑪ $\dfrac{19}{4} - \dfrac{5}{4}$

⑫ $\dfrac{14}{9} - \dfrac{5}{9}$

⑬ $\dfrac{15}{6} - \dfrac{7}{6}$

⑭ $\dfrac{18}{8} - \dfrac{5}{8}$

⑮ $\dfrac{26}{12} - \dfrac{7}{12}$

⑯ $\dfrac{29}{21} - \dfrac{8}{21}$

⑰ $\dfrac{20}{11} - \dfrac{9}{11}$

⑱ $\dfrac{13}{12} - \dfrac{5}{12}$

⑲ $\dfrac{31}{10} - \dfrac{5}{10}$

⑳ $\dfrac{17}{6} - \dfrac{3}{6}$

② 次の計算をしましょう。

① $\dfrac{16}{5} - \dfrac{7}{5}$

② $\dfrac{25}{8} - \dfrac{3}{8}$

③ $\dfrac{25}{6} - \dfrac{5}{6}$

④ $\dfrac{38}{7} - \dfrac{5}{7}$

⑤ $\dfrac{21}{9} - \dfrac{5}{9}$

⑥ $\dfrac{34}{6} - \dfrac{14}{6}$

⑦ $\dfrac{12}{5} - \dfrac{6}{5}$

⑧ $\dfrac{21}{8} - \dfrac{7}{8}$

⑨ $\dfrac{7}{5} - \dfrac{2}{5}$

⑩ $\dfrac{18}{13} - \dfrac{10}{13}$

⑪ $\dfrac{21}{14} - \dfrac{7}{14}$

⑫ $\dfrac{65}{50} - \dfrac{15}{50}$

⑬ $\dfrac{15}{8} - \dfrac{7}{8}$

⑭ $\dfrac{5}{2} - \dfrac{1}{2}$

⑮ $\dfrac{7}{3} - \dfrac{2}{3}$

⑯ $\dfrac{11}{5} - \dfrac{8}{5}$

⑰ $\dfrac{25}{20} - \dfrac{4}{20}$

⑱ $\dfrac{35}{25} - \dfrac{20}{25}$

⑲ $\dfrac{10}{4} - \dfrac{3}{4}$

⑳ $\dfrac{26}{10} - \dfrac{16}{10}$

答えが仮分数（かぶんすう）になったときは、帯分数（たいぶんすう）で表してもいいよ。

38 帯分数のはいった計算

❶ $1\dfrac{5}{7}+\dfrac{3}{7}$ の計算を㋐と㋑の2とおりの方法でします。□にあてはまる数をかきましょう。

18点(1つ2)

㋐　帯分数(たいぶんすう)を仮分数(かぶんすう)になおして計算します。

$1\dfrac{5}{7}=\dfrac{\boxed{}}{7}$ なので、

$1\dfrac{5}{7}+\dfrac{3}{7}=\dfrac{\boxed{}}{7}+\dfrac{3}{7}=\dfrac{\boxed{}}{7}\left(2\dfrac{\boxed{}}{7}\right)$

㋑　$1\dfrac{5}{7}$ を $\left(1+\dfrac{5}{7}\right)$ として計算します。

$1\dfrac{5}{7}=1+\boxed{}$ なので、

$1\dfrac{5}{7}+\dfrac{3}{7}=1+\boxed{}+\dfrac{3}{7}=1+\boxed{}=1+1+\boxed{}=2\dfrac{\boxed{}}{7}$

❷ 次の計算をしましょう。

36点(1つ4)

① $1\dfrac{1}{3}+\dfrac{1}{3}$

② $1\dfrac{1}{4}+\dfrac{2}{4}$

③ $1\dfrac{5}{6}+\dfrac{3}{6}$

④ $1\dfrac{1}{7}+\dfrac{4}{7}$

⑤ $\dfrac{3}{5}+1\dfrac{2}{5}$

⑥ $1\dfrac{3}{5}+\dfrac{4}{5}$

⑦ $1\dfrac{2}{3}+\dfrac{2}{3}$

⑧ $\dfrac{5}{8}+1\dfrac{7}{8}$

⑨ $2\dfrac{1}{7}+\dfrac{6}{7}$

❸ $1\dfrac{3}{5} - \dfrac{4}{5}$ の計算をします。□にあてはまる数をかきましょう。 4点

$1\dfrac{3}{5} = \dfrac{\boxed{}}{5}$ なので、 $1\dfrac{3}{5} - \dfrac{4}{5} = \dfrac{\boxed{}}{5} - \dfrac{4}{5} = \dfrac{\boxed{}}{5}$

分数部分がひけないときは、
帯分数を仮分数になおせば
計算できるね。

❹ 次の計算をしましょう。 42点(1つ3)

① $1\dfrac{1}{2} - \dfrac{1}{2}$

② $1\dfrac{3}{4} - \dfrac{2}{4}$

③ $1\dfrac{4}{5} - \dfrac{3}{5}$

④ $1\dfrac{5}{8} - \dfrac{6}{8}$

⑤ $1\dfrac{4}{8} - \dfrac{5}{8}$

⑥ $1\dfrac{8}{9} - \dfrac{4}{9}$

⑦ $1\dfrac{4}{7} - \dfrac{5}{7}$

⑧ $1\dfrac{3}{9} - \dfrac{7}{9}$

⑨ $1\dfrac{7}{8} - \dfrac{4}{8}$

⑩ $1\dfrac{3}{7} - \dfrac{4}{7}$

⑪ $2\dfrac{3}{7} - \dfrac{5}{7}$

⑫ $2\dfrac{1}{7} - \dfrac{1}{7}$

⑬ $2 - \dfrac{3}{5}$

⑭ $3 - \dfrac{2}{3}$

帯分数のたし算は、2とおりの計算のしかたがあるね。
ひき算は、帯分数を仮分数になおせば計算できるよ。

39 しあげのテスト 1

1 次の計算をしましょう。　6点(1つ2)

①
$$\begin{array}{r} 192 \\ \times\,421 \\ \hline \end{array}$$

②
$$\begin{array}{r} 425 \\ \times\,336 \\ \hline \end{array}$$

③
$$\begin{array}{r} 152 \\ \times\,306 \\ \hline \end{array}$$

2 $45\times16=720$ を使って、答えを求めましょう。　9点(1つ3)

① 4500×1600　② $45万\times16万$　③ $45億\times16万$

3 次の計算をしましょう。　12点(1つ2)

① $63\div3$　② $490\div70$　③ $200\div40$

④ $32\div2\times4$　⑤ $72\div(2\times4)$　⑥ $16+4\times21-25$

4 次の計算を、筆算でしましょう。　10点(1つ2)

① $3.36+2.45$　② $5.21+3.19$　③ $3+7.24$

④ $8.45-2.62$　⑤ $4.59-0.5$

5 次の計算をわり算のせいしつを使って計算しましょう。 9点(1つ3)

① 600÷150　　② 180000÷600　③ 3600億÷300億

6 次の計算をしましょう。商は整数で求め、あまりも出しましょう。

9点(1つ3)

①

$3\overline{)897}$

②

$5\overline{)402}$

③

$41\overline{)533}$

7 次の計算をしましょう。 18点(1つ3)

①
$$\begin{array}{r} 13.6 \\ \times\quad 5 \\ \hline \end{array}$$

②
$$\begin{array}{r} 0.76 \\ \times\quad 26 \\ \hline \end{array}$$

③
$$\begin{array}{r} 7.85 \\ \times\quad 45 \\ \hline \end{array}$$

④

$7\overline{)39.2}$

⑤

$27\overline{)72.9}$

⑥

$53\overline{)169.6}$

8 次の計算をしましょう。 27点(1つ3)

① $\dfrac{4}{7}+\dfrac{4}{7}$　　② $\dfrac{5}{3}+\dfrac{4}{3}$　　③ $\dfrac{9}{8}-\dfrac{2}{8}$

④ $\dfrac{15}{4}-\dfrac{7}{4}$　　⑤ $\dfrac{3}{8}+1\dfrac{6}{8}$　　⑥ $1\dfrac{2}{5}+\dfrac{3}{5}$

⑦ $1\dfrac{1}{7}-\dfrac{4}{7}$　　⑧ $2\dfrac{1}{3}-\dfrac{2}{3}$　　⑨ $2-\dfrac{3}{4}$

40 しあげのテスト2

1 次の計算をしましょう。　　　　　　　　　　　9点(1つ3)

① 　451
　×287

② 　242
　×302

③ 　406
　×506

2 23×36＝828 を使って、答えを求めましょう。　9点(1つ3)
① 　23万×36　　② 　23万×36万　　③ 　23万×36億

3 次の計算をしましょう。　　　　　　　　　　　9点(1つ3)
① 　32＋18×3−20　② 　(57−34)×4−34　③ 　(35−14)÷(42÷6)

4 次の計算をしましょう。　　　　　　　　　　　9点(1つ3)

① 　7.36
　＋2.45

② 　8.63
　−0.59

③ 　　6
　−3.75

5 次の計算をしましょう。商は整数で求め、あまりも出しましょう。

16点(1つ4)

① 　9)213

② 　53)825

③ 　47)950

④ 　36)1270

6 次の計算をしましょう。　　　　　　　　　　　　　　　　　　9点(1つ3)

① $\begin{array}{r} 0.36 \\ \times\quad 3 \\ \hline \end{array}$ 　② $\begin{array}{r} 8.3 \\ \times 45 \\ \hline \end{array}$ 　③ $\begin{array}{r} 9.65 \\ \times\quad 40 \\ \hline \end{array}$

7 次の計算を、わり切れるまでしましょう。　　　　　　　　　9点(1つ3)

① $4\overline{)0.128}$ 　② $15\overline{)0.75}$ 　③ $26\overline{)6.11}$

8 次の計算をして、商を四捨五入で $\frac{1}{100}$ の位までのがい数で表しましょう。　　　　　　　　　　　　　　　　　　　　　　　12点(1つ4)

① $47\div7$ 　② $23\div42$ 　③ $765\div83$

　　　　　　（　　　　　）　　（　　　　　）　　（　　　　　）

9 次の計算をしましょう。　　　　　　　　　　　　　　　　18点(1つ3)

① $\frac{3}{4}+\frac{6}{4}$ 　② $\frac{13}{7}-\frac{5}{7}$ 　③ $\frac{25}{8}-\frac{9}{8}$

④ $\frac{2}{3}+1\frac{2}{3}$ 　⑤ $1\frac{1}{6}-\frac{2}{6}$ 　⑥ $2-\frac{1}{9}$

1 3年生で習ったこと ①

1
① 373　② 410　③ 614
④ 543　⑤ 843　⑥ 601
⑦ 900　⑧ 1348　⑨ 1422
⑩ 1058　⑪ 1000　⑫ 1000
⑬ 1000

2
① 324　② 45　③ 176
④ 62　⑤ 453　⑥ 377
⑦ 147　⑧ 466　⑨ 438
⑩ 293

3 ① 4541　　② 6105

考え方 3けたのたし算、ひき算の筆算では、くり上がり、くり下がりに注意しながら計算することが大切です。

2 3年生で習ったこと ②

1
① 52　② 108　③ 369
④ 1476　⑤ 4284　⑥ 1842

2
① 483　② 182　③ 1128
④ 960　⑤ 840　⑥ 5402
⑦ 25200　⑧ 13680

3
① 3　② 1　③ 7
④ 3　⑤ 12　⑥ 11

4
① 3あまり1　　② 3あまり1
③ 3あまり2　　④ 4あまり3
⑤ 7あまり7　　⑥ 6あまり5
⑦ 7あまり1　　⑧ 8あまり5

考え方 ❶❷は、(2けた、3けた)×(1けた、2けた)のかけ算、❸❹は、わる数が1けたのわり算です。あまりは、わる数より小さくなることに注意しましょう。

3 大きな数のかけ算

1
```
    425
  × 135
  [2125]
  1275
  [425]
  [57375]
```

2
①
```
    475
  × 506
  [2850]
  000
  [2375]
  [240350]
```
②
```
    512
  × 336
  3072
  1536
  1536
  172032
```

③
```
    232
  × 278
  1856
  1624
  464
  64496
```
④
```
    463
  × 207
  3241
  000
  926
  95841
```
⑤
```
    408
  × 705
  2040
  000
  2856
  287640
```

3
①
```
   3600
  × 480
  [288]
  [144]
  [1728]000
```
②
```
   2800
  × 720
  56
  196
  2016000
```

③
```
   7300
  × 270
  511
  146
  1971000
```
④
```
   6700
  × 450
  335
  268
  3015000
```
⑤
```
    370
  ×2400
  148
  74
  888000
```

4
① 10580000　② [1058]万
③ [1058]億　④ [1058]兆

考え方 ② ①
```
    475
  × 506
  [2850]
  000 ← 真ん中の0000は省いてもかまいません。
  [2375]
  [240350]
```

4 大きな数のかけ算では、数字の部分を先に計算し、単位はあとで計算します。

1 ① 90÷3

90…10が9こ

90÷3…10が(9 ÷3)こ

90÷3= 30

② 180÷6

180…10が18こ

180÷6…10が(18÷ 6)こ

180÷6= 30

2
①10	②10	③10
④10	⑤10	⑥10
⑦20	⑧30	⑨20
⑩30	⑪50	⑫30
⑬40	⑭50	⑮50

3 ①800÷4

800…100が8こ

800÷4…100が(8 ÷4)こ

800÷4= 200

②3500÷5

3500…100が35こ

3500÷5…100が(35÷5)こ

3500÷5= 700

4
①100	②200	③300
④100	⑤400	⑥100
⑦200	⑧100	⑨500
⑩200	⑪800	⑫500
⑬500	⑭800	⑮500

考え方 何十、何百のわり算は、わられる数が10の何こ分、100の何こ分かを考えましょう。

1

$$3\overline{)81} \Rightarrow 3\overline{)81} \Rightarrow 3\overline{)81} \Rightarrow 3\overline{)81}$$

商は2 → 6 → 6, 2① → 2⑦ あまり0

2

① 25 ÷ 3)75　6／15／15／0

② 19 ÷ 2)38　2／18／18／0

③ 16 ÷ 3)48　3／18／18／0

④ 13 ÷ 7)91　7／21／21／0

⑤ 16 ÷ 4)64　4／24／24／0

⑥ 14 ÷ 5)70　5／20／20／0

⑦ 27 ÷ 2)54　4／14／14／0

⑧ 12 ÷ 6)72　6／12／12／0

⑨ 17 ÷ 5)85　5／35／35／0

⑩ 12 ÷ 8)96　8／16／16／0

⑪ 13 ÷ 4)52　4／12／12／0

⑫ 15 ÷ 6)90　6／30／30／0

3

$$5\overline{)72} \Rightarrow 5\overline{)72} \Rightarrow 5\overline{)72} \Rightarrow 5\overline{)72}$$

5／② → 5／2② → 1④ 5／22／20／② ←あまり

4
①17あまり1	②13あまり2
③19あまり3	④48あまり1
⑤15あまり4	⑥12あまり2
⑦16あまり3	⑧12あまり1
⑨12あまり1	⑩23あまり2
⑪11あまり3	⑫11あまり5

考え方 (2けた)÷(1けた)のわり算で、あまりが出る計算では、あまりがわる数より小さくなることに気をつけます。

6 （2けた）÷（1けた）の筆算 ②

❶

$$
\begin{array}{r}
14 \\
5\overline{)72} \\
5 \\
\hline
22 \\
20 \\
\hline
2
\end{array}
$$

答えのたしかめ

$$\boxed{5} \times 14 + 2 = 72$$

わる数　商　あまり　わられる数

❷
①
$$
\begin{array}{r}
18 \\
5\overline{)92} \\
5 \\
\hline
42 \\
40 \\
\hline
2
\end{array}
$$

②
$$
\begin{array}{r}
26 \\
3\overline{)80} \\
6 \\
\hline
20 \\
18 \\
\hline
2
\end{array}
$$

答えのたしかめ　　　答えのたしかめ

$5 \times 18 + 2 = 92$　　　$3 \times 26 + 2 = 80$

③
$$
\begin{array}{r}
36 \\
2\overline{)73} \\
6 \\
\hline
13 \\
12 \\
\hline
1
\end{array}
$$

④
$$
\begin{array}{r}
13 \\
7\overline{)96} \\
7 \\
\hline
26 \\
21 \\
\hline
5
\end{array}
$$

答えのたしかめ　　　答えのたしかめ

$2 \times 36 + 1 = 73$　　　$7 \times 13 + 5 = 96$

❸
$$
4\overline{)43} \Rightarrow 4\overline{)43} \Rightarrow 4\overline{)43}
$$
$$
\begin{array}{r}
4 \\
\hline
3 \\
0 \\
\hline
3 \leftarrow \text{あまり}
\end{array}
$$

❹ ①30あまり2 ②34　　③21

④11あまり2 ⑤13　　⑥10

⑦40あまり1 ⑧10あまり5 ⑨20

考え方 わり算では、答えのたしかめをします。

わる数 × 商 ＋ あまり ＝ わられる数

7 （3けた）÷（1けた）の筆算 ①

❶
$$
4\overline{)732} \Rightarrow 4\overline{)732} \Rightarrow 4\overline{)732} \Rightarrow 4\overline{)732}
$$
$$
\begin{array}{r}
4 \\
\hline
33 \\
32 \\
\hline
12 \\
12 \\
\hline
0
\end{array}
$$

❷
①
$$
\begin{array}{r}
145 \\
5\overline{)725} \\
5 \\
\hline
22 \\
20 \\
\hline
25 \\
25 \\
\hline
0
\end{array}
$$

②
$$
\begin{array}{r}
218 \\
3\overline{)654} \\
6 \\
\hline
5 \\
3 \\
\hline
24 \\
24 \\
\hline
0
\end{array}
$$

③
$$
\begin{array}{r}
104 \\
3\overline{)312} \\
3 \\
\hline
12 \\
12 \\
\hline
0
\end{array}
$$

④
$$
\begin{array}{r}
238 \\
3\overline{)715} \\
6 \\
\hline
11 \\
9 \\
\hline
25 \\
24 \\
\hline
1
\end{array}
$$

⑤
$$
\begin{array}{r}
134 \\
6\overline{)807} \\
6 \\
\hline
20 \\
18 \\
\hline
27 \\
24 \\
\hline
3
\end{array}
$$

❸
①
$$
\begin{array}{r}
124 \\
5\overline{)620} \\
5 \\
\hline
12 \\
10 \\
\hline
20 \\
20 \\
\hline
0
\end{array}
$$

②
$$
\begin{array}{r}
123 \\
7\overline{)863} \\
7 \\
\hline
16 \\
14 \\
\hline
23 \\
21 \\
\hline
2
\end{array}
$$

③
$$
\begin{array}{r}
238 \\
4\overline{)952} \\
8 \\
\hline
15 \\
12 \\
\hline
32 \\
32 \\
\hline
0
\end{array}
$$

④
$$
\begin{array}{r}
145 \\
3\overline{)437} \\
3 \\
\hline
13 \\
12 \\
\hline
17 \\
15 \\
\hline
2
\end{array}
$$

⑤
$$
\begin{array}{r}
213 \\
4\overline{)853} \\
8 \\
\hline
5 \\
4 \\
\hline
13 \\
12 \\
\hline
1
\end{array}
$$

⑥
$$
\begin{array}{r}
310 \\
2\overline{)621} \\
6 \\
\hline
2 \\
2 \\
\hline
1
\end{array}
$$

⑦
$$
\begin{array}{r}
230 \\
4\overline{)923} \\
8 \\
\hline
12 \\
12 \\
\hline
3
\end{array}
$$

⑧
$$
\begin{array}{r}
251 \\
3\overline{)753} \\
6 \\
\hline
15 \\
15 \\
\hline
3 \\
3 \\
\hline
0
\end{array}
$$

⑨
$$
\begin{array}{r}
128 \\
5\overline{)640} \\
5 \\
\hline
14 \\
10 \\
\hline
40 \\
40 \\
\hline
0
\end{array}
$$

⑩
$$
\begin{array}{r}
110 \\
9\overline{)995} \\
9 \\
\hline
9 \\
9 \\
\hline
5
\end{array}
$$

⑪
$$
\begin{array}{r}
253 \\
3\overline{)761} \\
6 \\
\hline
16 \\
15 \\
\hline
11 \\
9 \\
\hline
2
\end{array}
$$

⑫
$$
\begin{array}{r}
104 \\
4\overline{)417} \\
4 \\
\hline
17 \\
16 \\
\hline
1
\end{array}
$$

考え方 百の位、十の位、一の位の順に計算します。

8 （3けた）÷（1けた）の筆算 ②

1

$$6\overline{)351} \Rightarrow 6\overline{)351}\ \begin{matrix}5\\30\\51\end{matrix} \Rightarrow 6\overline{)351}\ \begin{matrix}5\boxed{8}\\30\\51\\48\\\boxed{3}\end{matrix}$$

2 ①97　②79　③93
④63あまり4　⑤38あまり6　⑥81あまり3

3
① $4\overline{)256}$　64　24　16　16　0
② $6\overline{)514}$　85　48　34　30　4
③ $5\overline{)324}$　64　30　24　20　4

④ $8\overline{)300}$　37　24　60　56　4
⑤ $7\overline{)345}$　49　28　65　63　2
⑥ $4\overline{)364}$　91　36　4　4　0

⑦ $5\overline{)453}$　90　45　3
⑧ $8\overline{)736}$　92　72　16　16　0
⑨ $8\overline{)705}$　88　64　65　64　1

⑩ $3\overline{)178}$　59　15　28　27　1
⑪ $9\overline{)764}$　84　72　44　36　8
⑫ $6\overline{)457}$　76　42　37　36　1

考え方 はじめの位に答えがたたないとき、はじめの0は書きません。

9 わり算の暗算

1 $36\begin{cases}20\Rightarrow 20\div2=\boxed{10}\\16\Rightarrow\boxed{16}\div2=8\end{cases}\boxed{10}+8=\boxed{18}$

2 ①72÷6=（$\boxed{60}$÷6）+（$\boxed{12}$÷6）
　　　=$\boxed{10}$+$\boxed{2}$=$\boxed{12}$
②13　③33　④12
⑤19　⑥14　⑦15

⑧16　⑨27　⑩13
⑪35　⑫16　⑬15

3 360÷2の暗算を **1** の36÷2とくらべると、360＝36×10で、わられる数が$\boxed{10}$倍になっています。

$$360÷2=（\boxed{36}÷2）×10$$
$$=\boxed{18}×10=\boxed{180}$$

4 ①720÷6=（72÷6）×10
$$=\boxed{12}×10=\boxed{120}$$
②140　③230　④210
⑤140　⑥160　⑦130
⑧380　⑨130　⑩130
⑪140　⑫150　⑬180

考え方 わられる数を、大きなかたまりと小さなかたまりに分けて、暗算します。

10 計算の順じょ

1 ①18÷2×5
　　18÷2=$\boxed{9}$
　　$\boxed{9}$×5=$\boxed{45}$
②18÷（2×3）
　　2×3=$\boxed{6}$
　　18÷$\boxed{6}$=$\boxed{3}$
③18+2×3
　　2×3=$\boxed{6}$
　　18+$\boxed{6}$=$\boxed{24}$

2 ①32　②4　③18
④2　⑤36　⑥8
⑦38　⑧30　⑨17

3 ①131　②250
③66　④89

4 ①109
②50　③64
④17　⑤31

5 ①78　②5
③34
④108
⑤33

考え方 計算の順じょは、（ ）の中の計算→×、÷の計算→+、−の計算になります。

考え方　❶は、2けたの数をかける筆算と同じように考えます。❸は、わられる数が10や100の何こ分かを考えましょう。❺は、はじめの位に答えがたたないとき、はじめの0は書きません。

11 まとめのテスト

1
①
```
   234
 ×526
  1404
  468
 1170
123084
```
②
```
   741
 ×372
  1482
 5187
2223
275652
```
③
```
   425
 ×506
  2550
  000
 2125
215050
```

2 ①9100000　②910万　③910億　④910兆

3 ①90　②300　③900

4
①
```
    26
 3)78
   6
   18
   18
    0
```
②
```
    14
 7)98
   7
   28
   28
    0
```
③
```
    19
 4)79
   4
   39
   36
    3
```
④
```
    22
 2)45
   4
   5
   4
   1
```
⑤
```
    10
 6)63
   6
   3
```
⑥
```
    10
 7)70
   7
   0
```

5
①
```
     240
 3)721
   6
   12
   12
    1
```
②
```
     123
 7)861
   7
   16
   14
    21
    21
     0
```
③
```
     107
 5)537
   5
    37
    35
     2
```
④
```
     60
 4)242
   24
    2
```
⑤
```
     59
 6)354
   30
    54
    54
     0
```
⑥
```
     91
 8)732
   72
    12
     8
     4
```

6 ①14　②16　③12

7 ①57　②27　③4　④16　⑤66　⑥64

12 小数のたし算①

1
①
```
  2.35
+3.46
  5.81
```
②
```
  6.15
+4.23
 10.38
```
③
```
  8.45
+4.56
 13.01
```
④
```
  7.56
+6.35
 13.91
```
⑤
```
  3.78
+8.47
 12.25
```
⑥
```
  3.25
+2.62
  5.87
```
⑦
```
  9.34
+0.78
 10.12
```
⑧
```
  9.26
+4.69
 13.95
```
⑨
```
  5.16
+0.97
  6.13
```
⑩
```
  5.32
+4.85
 10.17
```
⑪
```
  7.93
+4.3
 12.23
```
⑫
```
  8.37
+2.43
 10.80
```
⑬
```
  4.65
+0.85
  5.50
```

2
①
```
  6.92
+9.45
 16.37
```
②
```
  7.83
+7.68
 15.51
```
③
```
  6.05
+0.97
  7.02
```
④
```
  3.78
+7.35
 11.13
```
⑤
```
  3.79
+3.41
  7.20
```
⑥
```
  8.73
+3.77
 12.50
```
⑦
```
  5.24
+9.32
 14.56
```
⑧
```
  4.06
+4.24
  8.30
```
⑨
```
  5.72
+0.48
  6.20
```
⑩
```
  8.23
+6.22
 14.45
```
⑪
```
  4.85
+3.52
  8.37
```
⑫
```
  2.96
+9.54
 12.50
```
⑬
```
  7.01
+0.29
  7.30
```
⑭
```
  3.25
+5.84
  9.09
```
⑮
```
  5.06
+3.75
  8.81
```
⑯
```
  3.97
+4.53
  8.50
```

考え方　小数のたし算は、小数点の位置をそろえて計算します。

❶

①
```
   6
+4.31
10.31
```
②
```
 3.54
+7
10.54
```

③
```
   5
+4.37
 9.37
```
④
```
   3
+2.35
 5.35
```

⑤
```
 3.76
+2
 5.76
```
⑥
```
 8.34
+2
10.34
```
⑦
```
12
+ 3.36
15.36
```

⑧
```
23
+ 8.25
31.25
```
⑨
```
 7.34
+18
25.34
```
⑩
```
 5.47
+35
40.47
```

❷

①
```
   8
+2.34
10.34
```
②
```
   7
+0.45
 7.45
```
③
```
18
+ 2.47
20.47
```

④
```
 3.78
+6
 9.78
```
⑤
```
 2.84
+8
10.84
```
⑥
```
 6.34
+24
30.34
```

❸

①
```
 2.37
+3.63
 6.00
```
②
```
 2.52
+1.48
 4.00
```

③
```
 6.25
+7.75
14.00
```
④
```
 5.31
+0.69
 6.00
```

⑤
```
 7.46
+2.54
10.00
```
⑥
```
 8.18
+3.82
12.00
```
⑦
```
 3.74
+4.26
 8.00
```

⑧
```
 4.43
+2.57
 7.00
```
⑨
```
 5.65
+4.35
10.00
```
⑩
```
 9.39
+0.61
10.00
```

❹

①
```
 7.34
+2.66
10.00
```
②
```
 6.47
+0.53
 7.00
```
③
```
 4.91
+3.09
 8.00
```

④
```
 8.72
+1.28
10.00
```
⑤
```
 9.13
+0.87
10.00
```
⑥
```
 8.05
+9.95
18.00
```

考え方 ❶ ①
```
  6.00   6は6.00と考えて
+4.31   小数点の位置を
 10.31   そろえます。
```

❸ ① 6.00は6と等しいので、0は消します。

❶
①2.11 ②7.18
③3.77 ④2.09
⑤3.47 ⑥1.52 ⑦3.56
⑧2.58 ⑨1.42 ⑩1.79
⑪2.02 ⑫6.1 ⑬3.5

❷

①
```
 6.36
-4.57
 1.79
```
②
```
 4.83
-2.12
 2.71
```
③
```
 8.09
-5.35
 2.74
```

④
```
 7.43
-4.15
 3.28
```
⑤
```
 9.37
-7.67
 1.70
```
⑥
```
 5.21
-3.43
 1.78
```

⑦
```
 3.43
-0.95
 2.48
```
⑧
```
 6.13
-2.86
 3.27
```
⑨
```
 3.14
-2.05
 1.09
```

⑩
```
 4.02
-2.38
 1.64
```
⑪
```
 8.12
-5.62
 2.50
```
⑫
```
 8.34
-3.31
 5.03
```

⑬
```
 6.85
-0.98
 5.87
```
⑭
```
 6.72
-1.54
 5.18
```
⑮
```
 5.03
-3.09
 1.94
```

⑯
```
 7.24
-3.58
 3.66
```

考え方 小数のひき算も、小数点の位置をそろえて計算します。

❶
①0.81 ②0.91
③0.79 ④0.82 ⑤0.93
⑥0.42 ⑦0.4 ⑧0.6

❷

①
```
 5.37
-4.56
 0.81
```
②
```
 2.32
-1.89
 0.43
```
③
```
 8.63
-7.84
 0.79
```

④
```
 3.14
-2.16
 0.98
```
⑤
```
 7.95
-6.98
 0.97
```
⑥
```
 6.35
-5.65
 0.70
```

❸

①
```
 2.63
-0.3
 2.33
```
②
```
 4.52
-0.5
 4.02
```

③
$$\begin{array}{r} 7.36 \\ -0.7 \\ \hline 6.66 \end{array}$$
④
$$\begin{array}{r} 7.91 \\ -4.3 \\ \hline 3.61 \end{array}$$
⑤
$$\begin{array}{r} 8.35 \\ -1.4 \\ \hline 6.95 \end{array}$$

4 ①
$$\begin{array}{r} 4.95 \\ -0.8 \\ \hline 4.15 \end{array}$$
②
$$\begin{array}{r} 6.74 \\ -0.7 \\ \hline 6.04 \end{array}$$
③
$$\begin{array}{r} 9.75 \\ -2.9 \\ \hline 6.85 \end{array}$$

5 ①
$$\begin{array}{r} 7 \\ -2.76 \\ \hline 4.24 \end{array}$$
②
$$\begin{array}{r} 9 \\ -4.35 \\ \hline 4.65 \end{array}$$
③
$$\begin{array}{r} 4 \\ -3.23 \\ \hline 0.77 \end{array}$$

考え方 ❶ ⑦
$$\begin{array}{r} 2.12 \\ -1.72 \\ \hline 0.4\cancel{0} \end{array}$$
整数部分が0になるときは、0と小数点を書きます。最後の0は消します。

🐰16 何十でわるわり算

1 $60 \div 20$
60………10が $\boxed{6}$ こ
20………10が $\boxed{2}$ こ
$60 \div 20 \Rightarrow 6 \div \boxed{2}$
$60 \div 20 = \boxed{3}$

2 ①2 ②2 ③2 ④3

3 ①3あまり10
②2あまり20 ③4あまり10 ④2あまり10
⑤1あまり20 ⑥2あまり10

4 ①7
②4 ③8 ④2
⑤9 ⑥9 ⑦5

5 ①6あまり20
②9あまり40 ③8あまり30 ④7あまり10
⑤6あまり40 ⑥8あまり80 ⑦9あまり30
⑧9あまり20

考え方 何十でわるわり算で、あまりが出るときは、あまりを10倍します。

🐰17 商が1けたになるわり算の筆算①

1 $21\overline{)63} \Rightarrow 21\overline{)63}^{\boxed{3}} \Rightarrow 21\overline{)63}^{3} \Rightarrow 21\overline{)63}^{3}$
（途中の計算）63 ／ 63 ／ $\boxed{0}$

2 ①
$$\begin{array}{r} 4 \\ 12\overline{)48} \\ 48 \\ \hline 0 \end{array}$$
②
$$\begin{array}{r} 4 \\ 22\overline{)88} \\ 88 \\ \hline 0 \end{array}$$
③
$$\begin{array}{r} 3 \\ 23\overline{)69} \\ 69 \\ \hline 0 \end{array}$$
④
$$\begin{array}{r} 3 \\ 24\overline{)72} \\ 72 \\ \hline 0 \end{array}$$
⑤
$$\begin{array}{r} 2 \\ 35\overline{)70} \\ 70 \\ \hline 0 \end{array}$$
⑥
$$\begin{array}{r} \boxed{4} \\ 11\overline{)46} \\ 44 \\ \hline \boxed{2} \end{array}$$
←あまり
⑦
$$\begin{array}{r} 2 \\ 31\overline{)65} \\ 62 \\ \hline 3 \end{array}$$
⑧
$$\begin{array}{r} 2 \\ 32\overline{)80} \\ 64 \\ \hline 16 \end{array}$$
⑨
$$\begin{array}{r} 2 \\ 43\overline{)87} \\ 86 \\ \hline 2 \end{array}$$

3 $35\overline{)175} \Rightarrow 35\overline{)175}^{\boxed{5}} \Rightarrow 35\overline{)175}^{5}_{\boxed{175}} \Rightarrow 35\overline{)175}^{5}_{175}$ あまり $\boxed{0}$

4 ①7 ②5 ③5
④6 ⑤8 ⑥4
⑦6あまり1 ⑧4あまり1 ⑨8あまり2
⑩5あまり6 ⑪8あまり24 ⑫2あまり10

考え方 わり算は、（たてる） → （かける） → （ひく）をくり返します。

🐰18 商が1けたになるわり算の筆算②

1 $38\overline{)228} \Rightarrow 38\overline{)228}^{\boxed{6}}_{228}$ あまり 0
（途中）266 ／ 228 ／ 0

2 $46\overline{)414} \Rightarrow 46\overline{)414}^{\boxed{9}}_{414}$ あまり 0

3 ①3 ②5 ③7
④6 ⑤9 ⑥8

4 ①5 ②4 ③2あまり2
④5 ⑤4あまり3 ⑥5
⑦3あまり1 ⑧9あまり6 ⑨7
⑩4あまり10 ⑪7あまり64 ⑫7
⑬8あまり14 ⑭7あまり34 ⑮6あまり28

考え方 商の見当をつけ、計算します。何回も練習することで、商の見当をつけることになれてきます。

19 商が2けたになるわり算の筆算①

1

$28)\overline{644}$　⇒　$28)\overline{644}$　⇒　$28)\overline{644}$

$\underline{56}$　　　　$\underline{56}$↓　　　$\underline{56}$
$\boxed{8}$　　　　$8\boxed{4}$　　　84
　　　　　　　　　　　　$\underline{84}$
　　　　　　　　　　　　0

（商 2、$2\boxed{3}$）

2

① $36)\overline{432}$　$\underline{36}$　72　$\underline{72}$　0（商 12）

② $24)\overline{504}$　$\underline{48}$　24　$\underline{24}$　0（商 21）

③ $25)\overline{575}$　$\underline{50}$　75　$\underline{75}$　0（商 23）

④ $37)\overline{888}$　$\underline{74}$　148　$\underline{148}$　0（商 24）

⑤ $26)\overline{780}$　$\underline{78}$　0（商 $3\boxed{0}$、$\boxed{78}$）

⑥ $19)\overline{950}$　$\underline{95}$　0（商 50）

3

$28)\overline{899}$　⇒　$28)\overline{899}$　⇒　$28)\overline{899}$

$\underline{84}$　　　$\underline{84}$↓　　　$\underline{84}$
$\boxed{5}$　　　$5\boxed{9}$　　　59
　　　　　　　　　　　　$\underline{56}$
　　　　　　　　　　　　$\boxed{3}$←あまり

（商 3、$3\boxed{2}$）

4

① $34)\overline{954}$　$\underline{68}$　274　$\underline{272}$　2（商 28）

② $53)\overline{860}$　$\underline{53}$　330　$\underline{318}$　12（商 16）

③ $13)\overline{531}$　$\underline{52}$　11（商 40）

5

① $24)\overline{1152}$　$\underline{96}$↓　$\boxed{19}2$　$\underline{192}$　0（商 $4\boxed{8}$）

② $24)\overline{1250}$　$\underline{120}$↓　$\boxed{5}0$　$\underline{48}$　$\boxed{2}$←あまり（商 $5\boxed{2}$）

③ $256)\overline{5888}$　$\underline{512}$↓　$\boxed{76}8$　$\underline{768}$　$\boxed{0}$（商 $2\boxed{3}$）

考え方 商が2けた以上のわり算は、(たてる)→(かける)→(おろす)をくり返せばできます。

20 商が2けたになるわり算の筆算②

1 ①12　②14　③74
④34　⑤17　⑥30

2 ①22あまり14　②38あまり12
③44あまり10

3

① $13)\overline{1274}$　$\underline{117}$　104　$\underline{104}$　0（商 98）

② $36)\overline{3060}$　$\underline{288}$　180　$\underline{180}$　0（商 85）

③ $27)\overline{1566}$　$\underline{135}$　216　$\underline{216}$　0（商 58）

④ $28)\overline{1580}$　$\underline{140}$　180　$\underline{168}$　12（商 56）

⑤ $43)\overline{2672}$　$\underline{258}$　92　$\underline{86}$　6（商 62）

⑥ $54)\overline{2274}$　$\underline{216}$　114　$\underline{108}$　6（商 42）

⑦ $136)\overline{4760}$　$\underline{408}$　680　$\underline{680}$　0（商 35）

⑧ $242)\overline{6412}$　$\underline{484}$　1572　$\underline{1452}$　120（商 26）

⑨ $432)\overline{7776}$　$\underline{432}$　3456　$\underline{3456}$　0（商 18）

⑩ $252)\overline{8079}$　$\underline{756}$　519　$\underline{504}$　15（商 32）

⑪ $324)\overline{7131}$　$\underline{648}$　651　$\underline{648}$　3（商 22）

考え方 商の見当をつけて計算します。商の一の位の0を書きわすれないように注意しましょう。

21 商が3けたになるわり算の筆算

1

$36)\overline{9036}$　⇒　$36)\overline{9036}$　⇒　$36)\overline{9036}$

$\underline{72}$↓　　　$\underline{72}$　　　$\underline{72}$
183　　　183　　　183
　　　　　$\underline{180}$↓　$\underline{180}$
　　　　　$\boxed{36}$　　36
　　　　　　　　　　$\underline{36}$
　　　　　　　　　　0

（商 2、$2\boxed{5}$、$25\boxed{1}$）

2 ①124　②271　③124
④171　⑤241　⑥163あまり35

3

① $8000÷250$
　↓　　　↓÷$\boxed{10}$
　$\boxed{800}$÷25
　↓　　　↓×$\boxed{4}$
　$3200÷\boxed{100}=\boxed{32}$

②9000÷750
　　　↓　　　　　↓÷□10□
　　900　÷□75□
　　　↓　　　　　↓×□4□
　□3600□÷300=□12□

4 ①6　　　　②3　　　　③9
　④80　　　⑤34　　　⑥24

5 18万÷3万
　　　↓　　　↓÷1万
　□18□ ÷ 3 =□6□

6 ①25　　　②9　　　③5
　④11　　　⑤4　　　⑥40

考え方 わり算では、わられる数とわる数に同じ数をかけても、同じ数でわっても商は同じになることを利用して、なるべくかん単にして計算します。

👑 22 まとめのテスト

1 ①9.89　　②5.33　　③7.7

2 ①　9.36　　②　8.54　　③　　6
　　＋2.51　　　＋2.46　　　＋4.19
　　11.87　　　11.00　　　10.19

3 ①5.28　　②1.3　　③0.89

4 ①　2.96　　②　8.43　　③　　6
　　－0.3　　　－2.4　　　－3.52
　　2.66　　　6.03　　　2.48

5 ①2あまり10　　　②7
　③3あまり20

6 ①4　　　　　　②8あまり24
　③9　　　　　　④8あまり9
　⑤13　　　　　⑥20
　⑦21　　　　　⑧47
　⑨26あまり11　⑩254
　⑪133あまり20　⑫221あまり7

7 ①12　　　②24　　　③40
　④4　　　⑤7

考え方 5 ①③は、あまりの大きさに注意しましょう。

👑 23 小数×整数

1 0.2を□10□倍して2×3の計算をすると、6になります。
　その6を□10□でわると、答えが求められます。
　だから、0.2×3=□0.6□です。

2 0.6を□10□倍して6×5の計算をすると、30になります。
　その30を□10□でわると、答えが求められます。
　だから、0.6×5=□3□です。

3 ①0.9　　　②0.8　　　③0.6
　④1.5　　　⑤1.2　　　⑥3.6
　⑦4.8　　　⑧2　　　⑨1.4
　⑩1　　　⑪6.3　　　⑫4.2

4 0.04を□100□倍して4×2の計算をすると、8になります。
　その8を□100□でわると、答えが求められます。
　だから、0.04×2=□0.08□です。

5 0.05を□100□倍して5×3の計算をすると、15になります。
　その15を□100□でわると、答えが求められます。
　だから、0.05×3=□0.15□です。

6 ①0.09　　②0.08　　③0.12
　④0.1　　　⑤0.42　　⑥0.16
　⑦0.3　　　⑧0.32　　⑨0.21
　⑩0.48　　⑪0.36　　⑫0.9

考え方 10倍や100倍して求めた積を、10や100でわります。

👑 24 小数のかけ算の筆算 ①

1　　3.6 ----×10----> 36 ----÷10----> 3.6
　　×　4　　　　×　4　⇒　×　4
　　　　　　　　144　÷10→□14.4□

2 ①7.5　　　②7.2　　　③10.2
　④10　　　⑤9.2　　　⑥15.9
　⑦20.1　　⑧19.6　　⑨31
　⑩54.6　　⑪96.3　　⑫92

89

❸
$$0.43 \xrightarrow{\times 100} 43 \xrightarrow{\div 100} 0.43$$
$$\begin{array}{r} 0.43 \\ \times\ \ 6 \end{array} \qquad \begin{array}{r} 43 \\ \times\ \ 6 \\ \hline 258 \end{array} \overset{\div 100}{\Rightarrow} \begin{array}{r} 0.43 \\ \times\ \ 6 \\ \hline \boxed{2.58} \end{array}$$

❹ ①1.04 ②3.65 ③5.04
④7.44 ⑤18.84 ⑥6.45
⑦15.7 ⑧9.52 ⑨16.02
⑩18.39 ⑪37.65 ⑫36.33
⑬16.9 ⑭27.96 ⑮37.45

考え方 ❷ ④
$$\begin{array}{r} 2.5 \\ \times\ \ 4 \\ \hline 10.0 \end{array}$$
10.0は10と等しいので、0は消します。

25 小数のかけ算の筆算 ②

❶
$$2.1 \xrightarrow{\times 10} 21 \xrightarrow{\div 10} 2.1$$
$$\begin{array}{r} 2.1 \\ \times 32 \\ \hline 42 \\ 63 \\ \hline 672 \end{array} \Rightarrow \begin{array}{r} 21 \\ \times 32 \\ \hline 42 \\ 63 \end{array} \xrightarrow{\div 10} \begin{array}{r} 2.1 \\ \times 32 \\ \hline 42 \\ 63 \\ \hline \boxed{67.2} \end{array}$$

❷
① $\begin{array}{r} 1.6 \\ \times 41 \\ \hline 16 \\ 64 \\ \hline 65.6 \end{array}$　② $\begin{array}{r} 2.7 \\ \times 34 \\ \hline 108 \\ 81 \\ \hline 91.8 \end{array}$　③ $\begin{array}{r} 2.9 \\ \times 63 \\ \hline 87 \\ 174 \\ \hline 182.7 \end{array}$

④ $\begin{array}{r} 4.6 \\ \times 42 \\ \hline 92 \\ 184 \\ \hline 193.2 \end{array}$　⑤ $\begin{array}{r} 3.5 \\ \times 54 \\ \hline 140 \\ 175 \\ \hline \boxed{189}.0 \end{array}$　⑥ $\begin{array}{r} 6.8 \\ \times 25 \\ \hline 340 \\ 136 \\ \hline 170.0 \end{array}$

⑦ $\begin{array}{r} 3.7 \\ \times 30 \\ \hline 111.0 \end{array}$　⑧ $\begin{array}{r} 2.8 \\ \times 45 \\ \hline 140 \\ 112 \\ \hline 126.0 \end{array}$　⑨ $\begin{array}{r} 8.2 \\ \times 50 \\ \hline 410.0 \end{array}$

⑩ $\begin{array}{r} 3.6 \\ \times 25 \\ \hline 180 \\ 72 \\ \hline 90.0 \end{array}$　⑪ $\begin{array}{r} 8.4 \\ \times 15 \\ \hline 420 \\ 84 \\ \hline 126.0 \end{array}$　⑫ $\begin{array}{r} 9.2 \\ \times 35 \\ \hline 460 \\ 276 \\ \hline 322.0 \end{array}$

❸
$$0.47 \xrightarrow{\times 100} 47 \xrightarrow{\div 100} 0.47$$
$$\begin{array}{r} 0.47 \\ \times\ \ 56 \end{array} \quad \begin{array}{r} 47 \\ \times 56 \\ \hline 282 \\ 235 \\ \hline 2632 \end{array} \Rightarrow \begin{array}{r} 0.47 \\ \times\ \ 56 \\ \hline 282 \\ 235 \end{array} \xrightarrow{\div 100} \boxed{26.32}$$

❹ ①38.18 ②95.55 ③69.6
④39.2 ⑤46.8 ⑥93.75
⑦289.8 ⑧234.24 ⑨228

考え方 小数に2けたの数をかけるときも、1けたの数をかけるときと同じように計算します。

26 小数のかけ算の筆算 ③

❶ ①8.4 ②11.2 ③15
④22.4 ⑤36.8 ⑥20
⑦25.2 ⑧38.5 ⑨54.6
⑩42.9 ⑪86.7 ⑫83

❷ ①2.38 ②5.2 ③5.04
④26.1 ⑤58.88 ⑥49.92

❸
① $\begin{array}{r} 2.7 \\ \times 42 \\ \hline 54 \\ 108 \\ \hline 113.4 \end{array}$　② $\begin{array}{r} 9.2 \\ \times 52 \\ \hline 184 \\ 460 \\ \hline 478.4 \end{array}$　③ $\begin{array}{r} 7.4 \\ \times 26 \\ \hline 444 \\ 148 \\ \hline 192.4 \end{array}$

④ $\begin{array}{r} 6.7 \\ \times 32 \\ \hline 134 \\ 201 \\ \hline 214.4 \end{array}$　⑤ $\begin{array}{r} 4.5 \\ \times 24 \\ \hline 180 \\ 90 \\ \hline 108.0 \end{array}$　⑥ $\begin{array}{r} 8.6 \\ \times 25 \\ \hline 430 \\ 172 \\ \hline 215.0 \end{array}$

⑦ $\begin{array}{r} 5.7 \\ \times 50 \\ \hline 285.0 \end{array}$　⑧ $\begin{array}{r} 5.8 \\ \times 35 \\ \hline 290 \\ 174 \\ \hline 203.0 \end{array}$

❹
① $\begin{array}{r} 0.37 \\ \times\ \ 72 \\ \hline 74 \\ 259 \\ \hline 26.64 \end{array}$　② $\begin{array}{r} 0.87 \\ \times\ \ 25 \\ \hline 435 \\ 174 \\ \hline 21.75 \end{array}$　③ $\begin{array}{r} 4.35 \\ \times\ \ 38 \\ \hline 3480 \\ 1305 \\ \hline 165.30 \end{array}$

④ $\begin{array}{r} 8.24 \\ \times\ \ 65 \\ \hline 4120 \\ 4944 \\ \hline 535.60 \end{array}$　⑤ $\begin{array}{r} 8.32 \\ \times\ \ 75 \\ \hline 4160 \\ 5824 \\ \hline 624.00 \end{array}$　⑥ $\begin{array}{r} 0.65 \\ \times\ \ 80 \\ \hline 52.00 \end{array}$

考え方 かけられる数の小数点にそろえて、積の小数点をうちます。積の小数点以下の最後の0や00などは消します。

👑27 小数÷整数

1 0.9を[10]倍して9÷3の計算をすると、3になります。

その3を[10]でわると、答えが求められます。

だから、0.9÷3=[0.3]です。

2 4.5を[10]倍して45÷5の計算をすると、9になります。

その9を[10]でわると、答えが求められます。

だから、4.5÷5=[0.9]です。

3 ①0.3　　②0.1　　③0.4
④0.4　　⑤0.5　　⑥0.4
⑦0.4　　⑧0.9　　⑨0.9
⑩0.8　　⑪0.6　　⑫0.7

4 3を[10]倍して30÷6の計算をすると、5になります。

その5を[10]でわると、答えが求められます。

だから、3÷6=[0.5]です。

5 0.18を[100]倍して18÷3の計算をすると、6になります。

その6を[100]でわると、答えが求められます。

だから、0.18÷3=[0.06]です。

6 0.4を[100]倍して40÷5の計算をすると、8になります。

その8を[100]でわると、答えが求められます。

だから、0.4÷5=[0.08]です。

7 ①0.4　　②0.6　　③0.5
④0.05　　⑤0.09　　⑥0.06
⑦0.08　　⑧0.07　　⑨0.09
⑩0.05　　⑪0.04　　⑫0.04

考え方 10倍や100倍して求めた商を、10や100でわります。

👑28 小数のわり算の筆算 ①

1

$$4)\overline{5.6} \Rightarrow 4)\overline{5.6} \Rightarrow 4)\overline{5.6} \Rightarrow 4)\overline{5.6}$$

2 ①4.2　　②2.4　　③1.5
④1.1　　⑤1.3　　⑥3.3
⑦1.7　　⑧1.2　　⑨1.3

3

$$8)\overline{60.8} \Rightarrow 8)\overline{60.8} \Rightarrow 8)\overline{60.8} \Rightarrow 8)\overline{60.8}$$

4 ①9.1　　②8.3　　③8.9
④7.5　　⑤3.4　　⑥9.2
⑦7.3　　⑧12.6　　⑨20.7

考え方 わられる数の小数点にそろえて、商の小数点をうちます。

👑29 小数のわり算の筆算 ②

1

$$6)\overline{3.18} \Rightarrow 6)\overline{3.18} \Rightarrow 6)\overline{3.18}$$

2 ①0.64　　②0.94　　③0.94
④0.53　　⑤0.84　　⑥0.94
⑦0.17　　⑧0.23　　⑨0.28

3

$$7)\overline{0.259} \Rightarrow 7)\overline{0.259} \Rightarrow 7)\overline{0.259} \Rightarrow 7)\overline{0.259}$$

4 ①
$$2)\overline{0.188}$$ 商 0.094

②
$$3)\overline{0.291}$$ 商 0.097

③
$$4)\overline{0.344}$$ 商 0.086

④
$$5)\overline{0.285}$$ 商 0.057

⑤
$$7)\overline{0.511}$$ 商 0.073

⑥
$$6)\overline{0.276}$$ 商 0.046

91

⑦
```
    0.072
8)0.576
  56
  ̄ ̄
   16
   16
   ̄ ̄
    0
```
⑧
```
    0.043
9)0.387
  36
  ̄ ̄
   27
   27
   ̄ ̄
    0
```
⑨
```
    0.051
8)0.408
  40
  ̄ ̄
    8
    8
   ̄ ̄
    0
```

考え方 一の位に商がたたないときは、0.と書き、商がたたない位には0を書いて筆算していきます。

30 小数のわり算の筆算 ③

❶
```
     2           2.          2.6
31)80.6 ⇒ 31)80.6 ⇒ 31)80.6
  62          62⌄          62
  ̄ ̄          ̄ ̄            ̄ ̄
 |18|        186          186
                          186
                          ̄ ̄ ̄
                            0
```

❷ ①2.7　②2.7　③5.8
④1.7　⑤1.2　⑥0.7
⑦0.2　⑧0.6　⑨0.4

❸
```
      0.          0.0         0.07
25)1.75 ⇒ 25)1.75 ⇒ 25)1.75
                           175
                           ̄ ̄ ̄
                             0
```

❹ ①
```
     0.05
35)1.75
  175
  ̄ ̄ ̄
    0
```
②
```
     0.06
24)1.44
  144
  ̄ ̄ ̄
    0
```
③
```
     0.08
43)3.44
  344
  ̄ ̄ ̄
    0
```
④
```
     0.06
56)3.36
  336
  ̄ ̄ ̄
    0
```
⑤
```
     0.07
76)5.32
  532
  ̄ ̄ ̄
    0
```
⑥
```
     0.09
17)1.53
  153
  ̄ ̄ ̄
    0
```

❺ ①
```
     2.6
27)70.2
  54
  ̄ ̄
  162
  162
  ̄ ̄ ̄
    0
```
②
```
     1.4
38)53.2
  38
  ̄ ̄
  152
  152
  ̄ ̄ ̄
    0
```
③
```
     0.7
12)8.4
  84
  ̄ ̄
   0
```
④
```
     0.03
14)0.42
  42
  ̄ ̄
   0
```
⑤
```
     0.06
43)2.58
  258
  ̄ ̄ ̄
    0
```

考え方 小数を2けたの数でわるときも、1けたの数でわるときと同じように計算します。

31 わり進む筆算 ①

❶
```
     2           2.7          2.75
6)16.5 ⇒ 6)16.5 ⇒ 6)16.5
 12          12⌄          12
 ̄ ̄          ̄ ̄           ̄ ̄
  4          45           45
             42           42
             ̄ ̄           ̄ ̄
              3           30
                          30
                          ̄ ̄
                           0
```

❷ ①
```
     1.24
5)6.2
 5
 ̄
 12
 10
 ̄ ̄
  20
  20
  ̄ ̄
   0
```
②
```
     3.25
6)19.5
 18
 ̄ ̄
  15
  12
  ̄ ̄
  30
  30
  ̄ ̄
   0
```
③
```
     4.05
8)32.4
 32
 ̄ ̄
   40
   40
   ̄ ̄
    0
```
④
```
     1.44
25)36
   25
   ̄ ̄
   110
   100
   ̄ ̄ ̄
    100
    100
    ̄ ̄ ̄
      0
```
⑤
```
     2.65
8)21.2
 16
 ̄ ̄
  52
  48
  ̄ ̄
   40
   40
   ̄ ̄
    0
```
⑥
```
     2.85
12)34.2
   24
   ̄ ̄
  102
   96
   ̄ ̄
   60
   60
   ̄ ̄
    0
```

❸
```
    0.          0.9          0.92          0.925
8)7.4 ⇒ 8)7.4 ⇒ 8)7.4 ⇒ 8)7.4
             72⌄          72⌄          72⌄
             ̄ ̄           ̄ ̄           ̄ ̄
             20           20           20
                          16⌄          16⌄
                          ̄ ̄           ̄ ̄
                          40           40
                                       40
                                       ̄ ̄
                                        0
```

❹ ①
```
     2.175
4)8.7
 8
 ̄
 7
 4
 ̄
 30
 28
 ̄ ̄
  20
  20
  ̄ ̄
   0
```
②
```
      1.392
25)34.8
   25
   ̄ ̄
    98
    75
    ̄ ̄
   230
   225
   ̄ ̄ ̄
     50
     50
     ̄ ̄
      0
```
③
```
      2.025
16)32.4
   32
   ̄ ̄
    40
    32
    ̄ ̄
     80
     80
     ̄ ̄
      0
```

92

④
```
     1.775
36)63.9
   36
   279
   252
    270
    252
     180
     180
       0
```
⑤
```
     2.125
44)93.5
   88
    55
    44
    110
     88
     220
     220
       0
```
⑥
```
     1.025
72)73.8
   72
    180
    144
     360
     360
       0
```
⑦
```
     0.825
56)46.2
   448
    140
    112
     280
     280
       0
```
⑧
```
     0.425
24)10.2
    96
     60
     48
     120
     120
       0
```
⑨
```
    0.625
8)50
  48
   20
   16
    40
    40
     0
```

考え方 わられる数に0をつけたすと、わり進むことができます。

32 わり進む筆算②

1
```
   4.           4.[3]         4.3[3]         4.333
3)13    ⇒  3)13     ⇒  3)13      ⇒  3)13
  12          12           12            12
   10          10           10            10
                9            9             9
                1           10            10
                             9             9
                             1            10
                                           9
                                          [1]
```

㋐
```
   4.333
3)13
  12
   10
```
4.333 ⇒ [4.33]

㋑
```
   4.33
3)13
  12
   10
```
4.33 ⇒ [4.3]

2 ①2.4 ②1.9 ③1.3

3 ①0.7 ②0.9 ③3

4 ①0.49 ②0.64 ③3.85

5 ①3.3 ②19 ③5.3

考え方 3 ① 上から1けたは、0.70では $\frac{1}{10}$ の位(くらい)になります。

33 まとめのテスト

1 ①4.2 ②0.72 ③0.4

2
```
①   7.6     ②  12.6     ③  8.32
  ×  3        ×   5        ×   3
   22.8        63.0        24.96

④   5.4     ⑤   3.9     ⑥   4.5
   ×23         ×53         ×34
   162         117         180
  108         195         135
  124.2       206.7       153.0

⑦  0.46     ⑧  0.34     ⑨  3.43
  × 32        × 50        × 24
    92        17.00       1372
  138                     686
  14.72                   82.32

⑩  1.93     ⑪  2.63     ⑫  3.92
  × 54        × 70        × 25
   772       184.10       1960
  965                     784
  104.22                  98.00
```

3 ①0.7 ②0.4 ③0.8 ④0.07 ⑤0.08

4
```
①    1.2    ②     7.6    ③     0.24
  7)8.4       3)22.8       6)1.44
    7           21            12
    14           18            24
    14           18            24
     0            0             0

④     2.1   ⑤     0.09
  43)90.3     28)2.52
     86           252
      43            0
      43
       0
```

5 ①0.38 ②0.76 ③9.08

34 分数のたし算①

1 $\frac{5}{7}$は、$\frac{1}{7}$の[5]こ分、$\frac{3}{7}$は、$\frac{1}{7}$の[3]こ分

あわせて、$\frac{1}{7}$の([5]+[3])こ分で、$\frac{[8]}{7}$です。

$\frac{5}{7}+\frac{3}{7}=\frac{[8]}{7}$、答えの$\frac{8}{7}$は、$1\frac{[1]}{7}$と帯分数(たいぶんすう)で表してもよいです。

2 ① $\dfrac{4}{3}\left(1\dfrac{1}{3}\right)$ ② $2\left(\dfrac{4}{2}\right)$ ③ $2\left(\dfrac{8}{4}\right)$

④ $\dfrac{9}{5}\left(1\dfrac{4}{5}\right)$ ⑤ $3\left(\dfrac{12}{4}\right)$ ⑥ $\dfrac{8}{6}\left(1\dfrac{2}{6}\right)$

⑦ $3\left(\dfrac{18}{6}\right)$ ⑧ $\dfrac{11}{7}\left(1\dfrac{4}{7}\right)$ ⑨ $2\left(\dfrac{14}{7}\right)$

⑩ $\dfrac{9}{8}\left(1\dfrac{1}{8}\right)$ ⑪ $\dfrac{17}{8}\left(2\dfrac{1}{8}\right)$ ⑫ $\dfrac{19}{9}\left(2\dfrac{1}{9}\right)$

⑬ $\dfrac{16}{6}\left(2\dfrac{4}{6}\right)$ ⑭ $\dfrac{25}{8}\left(3\dfrac{1}{8}\right)$ ⑮ $2\left(\dfrac{18}{9}\right)$

3 ① $\dfrac{7}{5}\left(1\dfrac{2}{5}\right)$ ② $4\left(\dfrac{8}{2}\right)$ ③ $\dfrac{17}{5}\left(3\dfrac{2}{5}\right)$

④ $2\left(\dfrac{16}{8}\right)$ ⑤ $3\left(\dfrac{21}{7}\right)$ ⑥ $\dfrac{20}{6}\left(3\dfrac{2}{6}\right)$

⑦ $\dfrac{25}{9}\left(2\dfrac{7}{9}\right)$ ⑧ $\dfrac{19}{9}\left(2\dfrac{1}{9}\right)$ ⑨ $\dfrac{7}{3}\left(2\dfrac{1}{3}\right)$

⑩ $5\left(\dfrac{15}{3}\right)$ ⑪ $4\left(\dfrac{16}{4}\right)$ ⑫ $\dfrac{17}{8}\left(2\dfrac{1}{8}\right)$

⑬ $\dfrac{14}{9}\left(1\dfrac{5}{9}\right)$ ⑭ $4\left(\dfrac{20}{5}\right)$ ⑮ $\dfrac{27}{7}\left(3\dfrac{6}{7}\right)$

⑯ $\dfrac{18}{11}\left(1\dfrac{7}{11}\right)$ ⑰ $\dfrac{11}{4}\left(2\dfrac{3}{4}\right)$ ⑱ $\dfrac{11}{9}\left(1\dfrac{2}{9}\right)$

⑲ $2\left(\dfrac{20}{10}\right)$ ⑳ $\dfrac{31}{21}\left(1\dfrac{10}{21}\right)$ ㉑ $\dfrac{40}{31}\left(1\dfrac{9}{31}\right)$

考え方) 分母が同じ分数のたし算は、分子だけをたします。

35 分数のたし算 ②

1 ① $2\left(\dfrac{6}{3}\right)$ ② $4\left(\dfrac{8}{2}\right)$ ③ $\dfrac{10}{4}\left(2\dfrac{2}{4}\right)$

④ $\dfrac{41}{5}\left(8\dfrac{1}{5}\right)$ ⑤ $\dfrac{26}{4}\left(6\dfrac{2}{4}\right)$ ⑥ $\dfrac{40}{6}\left(6\dfrac{4}{6}\right)$

⑦ $\dfrac{37}{7}\left(5\dfrac{2}{7}\right)$ ⑧ $5\left(\dfrac{40}{8}\right)$ ⑨ $\dfrac{6}{5}\left(1\dfrac{1}{5}\right)$

⑩ $\dfrac{26}{6}\left(4\dfrac{2}{6}\right)$ ⑪ $\dfrac{10}{4}\left(2\dfrac{2}{4}\right)$ ⑫ $2\left(\dfrac{18}{9}\right)$

⑬ $\dfrac{22}{6}\left(3\dfrac{4}{6}\right)$ ⑭ $\dfrac{28}{8}\left(3\dfrac{4}{8}\right)$ ⑮ $\dfrac{33}{32}\left(1\dfrac{1}{32}\right)$

⑯ $3\left(\dfrac{21}{7}\right)$ ⑰ $3\left(\dfrac{33}{11}\right)$ ⑱ $\dfrac{14}{12}\left(1\dfrac{2}{12}\right)$

⑲ $\dfrac{26}{10}\left(2\dfrac{6}{10}\right)$ ⑳ $2\left(\dfrac{42}{21}\right)$

2 ① $4\left(\dfrac{20}{5}\right)$ ② $\dfrac{26}{8}\left(3\dfrac{2}{8}\right)$ ③ $7\left(\dfrac{42}{6}\right)$

④ $\dfrac{41}{7}\left(5\dfrac{6}{7}\right)$ ⑤ $\dfrac{44}{9}\left(4\dfrac{8}{9}\right)$ ⑥ $\dfrac{10}{4}\left(2\dfrac{2}{4}\right)$

⑦ $3\left(\dfrac{21}{7}\right)$ ⑧ $\dfrac{42}{8}\left(5\dfrac{2}{8}\right)$ ⑨ $3\left(\dfrac{15}{5}\right)$

⑩ $\dfrac{15}{13}\left(1\dfrac{2}{13}\right)$ ⑪ $2\left(\dfrac{28}{14}\right)$ ⑫ $\dfrac{5}{4}\left(1\dfrac{1}{4}\right)$

⑬ $\dfrac{13}{10}\left(1\dfrac{3}{10}\right)$ ⑭ $4\left(\dfrac{8}{2}\right)$ ⑮ $\dfrac{6}{5}\left(1\dfrac{1}{5}\right)$

⑯ $5\left(\dfrac{15}{3}\right)$ ⑰ $\dfrac{23}{20}\left(1\dfrac{3}{20}\right)$ ⑱ $2\left(\dfrac{50}{25}\right)$

⑲ $8\left(\dfrac{48}{6}\right)$ ⑳ $\dfrac{79}{50}\left(1\dfrac{29}{50}\right)$

考え方) 答えが仮分数になるときは、帯分数で表してもよいです。

36 分数のひき算 ①

1 $\dfrac{8}{7}$ は、$\dfrac{1}{7}$ の $\boxed{8}$ こ分、$\dfrac{4}{7}$ は、$\dfrac{1}{7}$ の $\boxed{4}$ こ分

$\dfrac{8}{7}-\dfrac{4}{7}$ は、$\dfrac{1}{7}$ の $(\boxed{8}-\boxed{4})$ こ分で $\dfrac{\boxed{4}}{7}$ です。

$\dfrac{8}{7}-\dfrac{4}{7}=\dfrac{\boxed{4}}{7}$

2 ① $\dfrac{3}{4}$ ② $1\left(\dfrac{2}{2}\right)$ ③ $\dfrac{1}{3}$

④ $\dfrac{4}{5}$ ⑤ $\dfrac{1}{4}$ ⑥ $1\left(\dfrac{6}{6}\right)$

⑦ $\dfrac{11}{6}\left(1\dfrac{5}{6}\right)$ ⑧ $\dfrac{6}{7}$ ⑨ $\dfrac{2}{7}$

⑩ $\dfrac{5}{8}$ ⑪ $\dfrac{12}{7}\left(1\dfrac{5}{7}\right)$ ⑫ $\dfrac{7}{9}$

⑬ $1\left(\dfrac{9}{9}\right)$ ⑭ $\dfrac{5}{8}$ ⑮ $\dfrac{4}{9}$

3 ① $1\left(\dfrac{2}{2}\right)$ ② $\dfrac{4}{5}$ ③ $\dfrac{6}{5}\left(1\dfrac{1}{5}\right)$

④ $\dfrac{11}{8}\left(1\dfrac{3}{8}\right)$ ⑤ $\dfrac{6}{7}$ ⑥ $\dfrac{9}{6}\left(1\dfrac{3}{6}\right)$

⑦ $\dfrac{13}{9}\left(1\dfrac{4}{9}\right)$ ⑧ $1\left(\dfrac{2}{2}\right)$ ⑨ $\dfrac{4}{3}\left(1\dfrac{1}{3}\right)$

⑩ $1\left(\dfrac{4}{4}\right)$ ⑪ $\dfrac{7}{4}\left(1\dfrac{3}{4}\right)$ ⑫ $\dfrac{5}{9}$

⑬ $4\left(\dfrac{8}{2}\right)$ ⑭ $\dfrac{12}{8}\left(1\dfrac{4}{8}\right)$ ⑮ $1\left(\dfrac{7}{7}\right)$

⑯ $\frac{13}{11}\left(1\frac{2}{11}\right)$ ⑰ $\frac{13}{15}$ ⑱ $\frac{7}{31}$

⑲ $\frac{18}{21}$ ⑳ $\frac{7}{4}\left(1\frac{3}{4}\right)$ ㉑ $\frac{8}{9}$

考え方 分母が同じ分数のひき算は、分子だけをひきます。

37 分数のひき算②

❶ ① $\frac{4}{3}\left(1\frac{1}{3}\right)$ ② $2\left(\frac{4}{2}\right)$ ③ $1\left(\frac{4}{4}\right)$

④ $\frac{27}{5}\left(5\frac{2}{5}\right)$ ⑤ $\frac{22}{4}\left(5\frac{2}{4}\right)$ ⑥ $\frac{2}{6}$

⑦ $1\left(\frac{7}{7}\right)$ ⑧ $\frac{6}{8}$ ⑨ $\frac{6}{5}\left(1\frac{1}{5}\right)$

⑩ $\frac{3}{6}$ ⑪ $\frac{14}{4}\left(3\frac{2}{4}\right)$ ⑫ $1\left(\frac{9}{9}\right)$

⑬ $\frac{8}{6}\left(1\frac{2}{6}\right)$ ⑭ $\frac{13}{8}\left(1\frac{5}{8}\right)$ ⑮ $\frac{19}{12}\left(1\frac{7}{12}\right)$

⑯ $1\left(\frac{21}{21}\right)$ ⑰ $1\left(\frac{11}{11}\right)$ ⑱ $\frac{8}{12}$

⑲ $\frac{26}{10}\left(2\frac{6}{10}\right)$ ⑳ $\frac{14}{6}\left(2\frac{2}{6}\right)$

❷ ① $\frac{9}{5}\left(1\frac{4}{5}\right)$ ② $\frac{22}{8}\left(2\frac{6}{8}\right)$ ③ $\frac{20}{6}\left(3\frac{2}{6}\right)$

④ $\frac{33}{7}\left(4\frac{5}{7}\right)$ ⑤ $\frac{16}{9}\left(1\frac{7}{9}\right)$ ⑥ $\frac{20}{6}\left(3\frac{2}{6}\right)$

⑦ $\frac{6}{5}\left(1\frac{1}{5}\right)$ ⑧ $\frac{14}{8}\left(1\frac{6}{8}\right)$ ⑨ $1\left(\frac{5}{5}\right)$

⑩ $\frac{8}{13}$ ⑪ $1\left(\frac{14}{14}\right)$ ⑫ $1\left(\frac{50}{50}\right)$

⑬ $1\left(\frac{8}{8}\right)$ ⑭ $2\left(\frac{4}{2}\right)$ ⑮ $\frac{5}{3}\left(1\frac{2}{3}\right)$

⑯ $\frac{3}{5}$ ⑰ $\frac{21}{20}\left(1\frac{1}{20}\right)$ ⑱ $\frac{15}{25}$

⑲ $\frac{7}{4}\left(1\frac{3}{4}\right)$ ⑳ $1\left(\frac{10}{10}\right)$

考え方 分数のひき算でも、答えが仮分数になるときは、帯分数で表してもよいです。

38 帯分数のはいった計算

❶ ⑦ $1\frac{5}{7}=\frac{\boxed{12}}{7}$ なので、

$1\frac{5}{7}+\frac{3}{7}=\frac{\boxed{12}}{7}+\frac{3}{7}=\frac{\boxed{15}}{7}\left(2\frac{\boxed{1}}{7}\right)$

⑦ $1\frac{5}{7}=1+\frac{\boxed{5}}{7}$ なので、

$1\frac{5}{7}+\frac{3}{7}=1+\frac{\boxed{5}}{7}+\frac{3}{7}=1+\frac{\boxed{8}}{7}$

$=1+1+\frac{\boxed{1}}{7}=2\frac{1}{7}$

❷ ① $\frac{5}{3}\left(1\frac{2}{3}\right)$ ② $\frac{7}{4}\left(1\frac{3}{4}\right)$ ③ $\frac{14}{6}\left(2\frac{2}{6}\right)$

④ $\frac{12}{7}\left(1\frac{5}{7}\right)$ ⑤ $2\left(\frac{10}{5}\right)$ ⑥ $\frac{12}{5}\left(2\frac{2}{5}\right)$

⑦ $\frac{7}{3}\left(2\frac{1}{3}\right)$ ⑧ $\frac{20}{8}\left(2\frac{4}{8}\right)$ ⑨ $3\left(\frac{21}{7}\right)$

❸ $1\frac{3}{5}=\frac{\boxed{8}}{5}$ なので、

$1\frac{3}{5}-\frac{4}{5}=\frac{\boxed{8}}{5}-\frac{4}{5}=\frac{\boxed{4}}{5}$

❹ ① $1\left(\frac{2}{2}\right)$ ② $\frac{5}{4}\left(1\frac{1}{4}\right)$ ③ $\frac{6}{5}\left(1\frac{1}{5}\right)$

④ $\frac{7}{8}$ ⑤ $\frac{7}{8}$ ⑥ $\frac{13}{9}\left(1\frac{4}{9}\right)$

⑦ $\frac{6}{7}$ ⑧ $\frac{5}{9}$ ⑨ $\frac{11}{8}\left(1\frac{3}{8}\right)$

⑩ $\frac{6}{7}$ ⑪ $\frac{12}{7}\left(1\frac{5}{7}\right)$ ⑫ $2\left(\frac{14}{7}\right)$

⑬ $\frac{7}{5}\left(1\frac{2}{5}\right)$ ⑭ $\frac{7}{3}\left(2\frac{1}{3}\right)$

考え方 帯分数のはいったたし算は、
⑦帯分数を仮分数になおして計算する
⑦帯分数を整数部分と分数部分に分けて計算する
の2とおりの方法があります。

1

①
```
    192
  ×421
    192
   384
  768
 80832
```

②
```
    425
  ×336
   2550
  1275
 1275
142800
```

③
```
    152
  ×306
    912
   000
  456
 46512
```

2 ①7200000 ②720億 ③720兆

3 ①21 ②7 ③5
④64 ⑤9 ⑥75

4 ①5.81 ②8.4 ③10.24
④5.83 ⑤4.09

5 ①4 ②300 ③12

6

①
```
     299
 3)897
    6
   29
   27
    27
    27
     0
```

②
```
    80
 5)402
   40
    2
```

③
```
     13
 41)533
    41
    123
    123
      0
```

7

①
```
   13.6
 ×    5
  68.0
```

②
```
   0.76
 ×   26
   456
  152
  19.76
```

③
```
    7.85
 ×    45
   3925
  3140
 353.25
```

④
```
      5.6
 7)39.2
   35
    42
    42
     0
```

⑤
```
      2.7
 27)72.9
    54
    189
    189
      0
```

⑥
```
       3.2
 53)169.6
    159
     106
     106
       0
```

8 ①$\frac{8}{7}\left(1\frac{1}{7}\right)$ ②$3\left(\frac{9}{3}\right)$ ③$\frac{7}{8}$

④$2\left(\frac{8}{4}\right)$ ⑤$\frac{17}{8}\left(2\frac{1}{8}\right)$ ⑥$2\left(\frac{10}{5}\right)$

⑦$\frac{4}{7}$ ⑧$\frac{5}{3}\left(1\frac{2}{3}\right)$ ⑨$\frac{5}{4}\left(1\frac{1}{4}\right)$

1

①
```
    451
  ×287
   3157
  3608
  902
129437
```

②
```
    242
  ×302
    484
   000
  726
 73084
```

③
```
    406
  ×506
   2436
   000
  2030
205436
```

2 ①828万 ②828億 ③828兆

3 ①66 ②58 ③3

4 ①9.81 ②8.04 ③2.25

5

①
```
     23
 9)213
   18
   33
   27
    6
```

②
```
     15
 53)825
    53
    295
    265
     30
```

③
```
      20
 47)950
    94
    10
```

④
```
        35
 36)1270
    108
     190
     180
      10
```

6

①
```
    0.36
 ×    3
   1.08
```

②
```
     8.3
 ×   45
    415
   332
  373.5
```

③
```
     9.65
 ×    40
  386.00
```

7

①
```
      0.032
 4)0.128
   12
    8
    8
    0
```

②
```
      0.05
 15)0.75
    75
     0
```

③
```
      0.235
 26)6.11
    52
    91
    78
    130
    130
      0
```

8 ①6.71 ②0.55 ③9.22

9 ①$\frac{9}{4}\left(2\frac{1}{4}\right)$ ②$\frac{8}{7}\left(1\frac{1}{7}\right)$ ③$2\left(\frac{16}{8}\right)$

④$\frac{7}{3}\left(2\frac{1}{3}\right)$ ⑤$\frac{5}{6}$ ⑥$\frac{17}{9}\left(1\frac{8}{9}\right)$